NONGYAO GUANLI

农药管理新政策问答

XINZHENGCE WENDA

农业农村部农药检定所 编

中国农业出版社
北 京

图书在版编目（CIP）数据

农药管理新政策问答 / 农业农村部农药检定所编．—北京：中国农业出版社，2020.10（2021.1 重印）
ISBN 978-7-109-27208-8

Ⅰ.①农… Ⅱ.①农… Ⅲ.①农药－药品管理－政策－中国－问题解答 Ⅳ.①S48-44

中国版本图书馆 CIP 数据核字（2020）第 155641 号

中国农业出版社出版
地址：北京市朝阳区麦子店街 18 号楼
邮编：100125
责任编辑：司雪飞 郑 君
版式设计：王 晨 责任校对：吴丽婷
印刷：中农印务有限公司
版次：2020 年 10 月第 1 版
印次：2021 年 1 月北京第 2 次印刷
发行：新华书店北京发行所
开本：787mm×1092mm 1/32
印张：2.5
字数：70 千字
定价：26.00 元

《农药管理新政策问答》编辑委员会

前　言 FOREWORD

2017年2月8日，国务院第164次常务会审议通过了新修订的《农药管理条例》（以下简称新《农药管理条例》），以国务院令第677号发布，自2017年6月1日起施行。这是我国农业法治建设中的一件大事，也是我国加强农药监督管理工作的一项重大举措。新《农药管理条例》对我国农药管理体制进行了重大调整，将农药登记、生产许可、经营许可、监督管理统一划归为农业农村部门负责。新《农药管理条例》的实施，标志着我国农药管理工作已进入一个崭新的阶段，管理水平也将上升到一个新高度。

2017年6月，农业部制定和发布了《农药登记管理办法》《农药生产许可管理办法》《农药经营许可管理办法》《农药标签和说明书管理办法》《农药登记试验管理办法》5个配套规章，并于8月1日起实施；同时相继发布了《限制使用农药名录（2017版）》《农药生产许可审查细则》《农药登记资料要求》《农药标签二维码管理规定》《农药登记试验单位评审规则》《农药登记试验质量管理规范》6个规范性文件。至此，我国新的农药监督管理主体框架已经基本建成，农药管理法规及制度日臻完善。这对于促进我国农药行业健康发展、保障农产品质量安全和推进农业绿色发展都将产生积极而深远的影响。

全面理解、准确把握这些法律制度要求，是有效贯彻新《农药管理条例》的重要前提。各级农业农村部门切实加大了学习、宣传和培训力度，农药管理者、生产者、经营者、使用者及社会各界迅速掀起学习条例的热潮。但由于新《农药管理条例》变化较大，已发布的相关配套规章和文件要求高、技术性强，在时间紧迫的情况下，充分理解、准确把握其精神实质和主要内容是宣贯工作的重中之重。为便于各级农业农村主管部门及其工作人员以及社会各界学习好、利用好新《农药管理条例》及相关规定，我们注重搜集、分析了学习中普遍关注的问题，组织编写了《农药管理新政策问答》。期待能对大家学习新《农药管理条例》及配套规章文件有所帮助。

本书在编写过程中，得到了天津、河北、吉林、黑龙江、浙江、江西等省级农药检定机构的大力支持，在此谨对支持本书编写工作的所有单位、领导和专家表示衷心感谢。同时，由于编者水平有限，加之编写时间仓促，书中难免有遗漏和不足之处，恳请专家和读者批评指正。

编　者

2020年4月

目 录 CONTENTS

>>> 第一章　农药登记

1. 农药登记申请者包括哪些？

根据《农药管理条例》第七条、《农药登记管理办法》第十三条规定，农药登记申请者包括农药生产企业、向中国出口农药的企业；新农药的研制者也可申请农药登记。农药生产企业是指取得农药生产许可证的境内企业；向中国出口农药的企业是指将在境外生产的农药出口到中国境内的企业；新农药研制者是指申请新农药登记并能独立承担民事责任的中国公民、法人或者其他组织。向中国出口农药的企业应当在国内设立办事机构，或委托能独立承担法律责任的机构作为办事机构。农药登记申请者都应当能够独立承担民事责任。

2. 何种农药的登记试验需要审批？如何审批？

根据《农药管理条例》第九条规定，新农药的登记试验需要进行审批，属于行政许可。新农药是指含有的有效成分尚未在中国批准登记的农药，包括新农药原药（母药）和新农药制剂。

根据《农药登记试验管理办法》第十七条、第十九条规定，新农药登记试验应当向农业部门提出申请，同时应当提交新农药登记试验申请表、境内外研发及境外登记情况、试验范围、试验地点（试验区域）及相关说明、产品化学信息及产品质量符合性检验报告、毒理学信息等资料。农业农村部组织其所属的农药检定所对试验的安全风险及其防范措施进行审查，符合条件的，准予登记试验，颁发农药登记试验批准证书；不符合条件的，书面通知申请人并说明理由。根据 2020 年 9 月 13 日发布的《国务院关于取消和下放一批行政许可事项的决定》（国发〔2020〕13 号），取消“新农药登记试验审查”许可，改为备案。农业农村部第 345 号公告明确备案要求。

3.《农药登记试验管理办法》中“农药登记试验”包含哪些内容？

提交农药登记申请时，需提供药效、毒理、残留、环境影响评价的登记试验报告、农药产品质量标准及其检验方法、标签样张等资料。

《农药登记试验单位评审规则》第三条对农药登记试验范围作出规定，包括为申请农药登记而进行的产品化学、药效、残留、毒理和环境影响等试验领域。不同农药登记所需要提交的相关资料，详见《农药登记管理办法》《农药登记资料要求》等。

4. 何种农药的登记试验需要备案？应当向生产企业所在地还是试验单位所在地省级农业农村主管部门备案？如何备案？

根据《农药管理条例》第九条、《农药登记试验管理办法》第十六条规定，所有的农药登记试验都需要在试验所在地省、自治区、直辖市农业主管部门备案，包括新农药、新农药以外的其他农药，包括室内试验和室外试验。

《农药登记试验管理办法》第二条第二款规定：“开展农药登记试验的，申请人应当报试验所在地省级人民政府农业主管部门（以下简称省级农业部门）备案；新农药的登记试验，还应当经农业部审查批准。”第三条第二款规定：“省级农业部门负责本行政区域的农药登记试验备案及相关监督管理工作，具体工作由省级农业部门所属的负责农药检定工作的机构承担。”

5. 登记试验备案的申请主体是谁？是试验单位，还是农药登记申请人？

农药登记试验备案的主体是农药登记申请人。根据《农药登记试验管理办法》第二条第二款，开展农药登记试验的，申请人应当报试验所在地省级农业主管部门备案。

6. 申请新农药登记试验需要提交哪些资料？

依据《农药登记试验管理办法》第十七条的规定，开展新农药登记试验的，应当向农业部提出申请，并提交以下资料：（1）新农药登记试验申请表；（2）境内外研发及境外登记情况；（3）试验范围、试验地点（试验区域）及相关说明；（4）产品化学信息及产品质量符合性检验报告；（5）毒理学信息；（6）作物安全性信息；（7）环境安全信息；（8）试验过程中存在或可能存在的安全隐患；（9）试验过程需要采取的安全性防范措施；（10）申请人身份证明文件。申请资料应当同时提交纸质文件和电子文档。根据2020年9月13日发布的《国务院关于取消和下放一批行政许可事项的决定》（国发〔2020〕13号），取消“新农药登记试验审查”许可，改为备案。农业农村部第345号公告明确备案要求。

7. 对农药登记试验样品有何要求？

农药登记的主要目的是对产品的有效性和安全性进行评价。申请人应当保证将来登记、生产的产品与登记试验样品的产品组成、加工工艺等一致。因此，农药登记申请人所提供的样品应当满足以下要求：

（1）为申请人研究成熟的产品。

（2）已明确产品的组成成分、鉴别方法，并经产品质量检测合格。

（3）满足农药登记所有试验的需求。

（4）明确了产品的生产日期和质量保证期限。

8. 对于国外GLP试验室出具的报告，是否认可？

根据《农药登记管理办法》第十六条，登记试验报告应当由农业部认定的登记试验单位出具，也可以由与中国政府有关部门签署互认协定的境外相关实验室出具；但药效、残留、环境影响等与环境条件密切相关的试验以及中国特有生物物种的登记试验应当在中国境内完成。

9. 为什么要对农药登记试验样品进行封样管理？如何对登记试验样品进行封样？

农药登记试验样品的真实性是农药登记试验结果可靠的源头。为了确保登记试验样品的真实性，便于查找“问题试验报告”产生原因，科学合理地作出农药登记审批决定，《农药登记试验管理办法》第二十二条、第二十三条规定，对农药登记试验样品实行封样与留样管理。

农药登记申请人在开展登记试验前，应当向所在地省级农业农村部门所属的农药检定机构提供农药试验样品及相关样品信息。省级农药检定机构查验样品相关信息后，对农药样品进行封样，在所封的样品上标注农药名称、含量、剂型、生产日期、质量保证期等相关信息，然后留样。

农药登记试验申请者应当将封好的样品送至试验承担单位开展相关的试验。农药登记试验单位开展登记试验时，也应当留样，以便监管。

10. 境外企业如何申请登记试验？到哪里办理登记试验样品封样手续？

如果境外企业申请的是新农药登记试验，依据《农药登记试验管理办法》第十七条的规定，应当向农业部提出申请，并提交相关资料。如果境外企业申请非新农药登记试验，依据《农药管理条例》第九条的规定，应当报试验所在地省、自治区、直辖市人民政府农业主管部门备案。

根据《农药登记试验管理办法》第二十二条，申请人应当将试验样品提交至其在中国境内设立的办事机构所在地省级农药检定机构进行封样。根据2020年9月13日发布的《国务院关于取消和下放一批行政许可事项的决定》（国发〔2020〕13号），取消“新农药登记试验审查”许可，改为备案。农业农村部第345号公告明确备案要求。

11. 新农药登记试验证书有效期5年。这要求农药登记申请人需在5年内开展相关试验，还是完成全部登记试验？

《农药登记试验管理办法》第二十条规定，农药登记试验批准证书有效期五年。农药登记申请人应当自农药登记试验批准证书有效之日起五年内开展所有要求的登记试验。五年之内未开展试验的，应当重新申请农药登记试验批准证书。

根据2020年9月13日发布的《国务院关于取消和下放一批行政许可事项的决定》（国发〔2020〕13号），取消“新农药登记试验审查”许可，改为备案。农业农村部第345号公告明确备案要求。

12. 哪些农药登记试验需要由农业农村部认定

的单位完成？

根据农业部第2570号公告，农药登记试验范围包括产品化学、药效、毒理学、残留和环境影响等方面。产品化学试验包括（全）组分分析试验、理化性质测定试验、产品质量检测和储存稳定性试验。药效试验分农林用农药试验和卫生用农药试验等。毒理学试验包括急性毒性试验、重复染毒毒性试验、特殊毒性试验、代谢和毒物动力学试验、微生物致病性试验和暴露量测试试验。残留试验包括代谢试验、农作物残留试验和加工农产品残留试验。环境影响试验包括生态毒理试验和环境归趋试验。上述农药登记试验，应当由农业农村部认定的机构完成。

13. 在申请新农药登记试验许可或农药登记试验样品封样时，所提交的产品质量检测报告应当由什么样的机构出具？

在申请新农药登记试验许可或农药登记试验样品封样时，所提交的产品质量检测报告，可以由生产企业自行出具，也可由第三方机构出具。农药登记申请人应当对产品质量检测报告的真实性负责。省级以上农业农村主管部门将采取事中事后监督的方式，开展对该农药质量的检查。所检查样品不合格的，农药登记申请人前期所开展的该产品农药登记试验结果将全部不予以认可。根据2020年9月13日发布的《国务院关于取消和下放一批行政许可事项的决定》（国发〔2020〕13号），取消“新农药登记试验审查”许可，改为备案。农业农村部第345号公告明确备案要求。

14. 申请人取得新农药登记试验批准证书后，能否变更申请人，并继续完成该新农药的登记试验？

申请人取得新农药登记试验批准证书后，如果属于企业兼并重组、企业名称变更的情形，可以向农业农村部申请变更农药登记试验批准证书的持有人，继续完成该新农药的登记试验。根据2020年9月13日发布的《国务院关于取消和下放一批行政许可事项的决定》（国发〔2020〕13号），取消“新农药登记试验审查”许可，改为备案。农业农村部第345号公告明确备案要求。

15. 农药登记资料转让有哪些要求？

根据《农药管理条例》第十四条规定，农药登记资料转让应当符合以下条件：一是转让者为新农药研制者或境内农药生产企业，并已经取得了该农药的登记证。二是对非新农药，受让者应当是具有相应生产能力的农药生产企业。三是新农药登记资料转让的对象可以是生产企业、科研机构、个人，受让人应当能承担法律责任。

根据《农药登记管理办法》第四十条规定，登记资料转让后，原农药登记证持有人的相应登记证将被注销。

16. 境外企业能否将在中国取得农药登记的资料转让给境内农药生产企业？

《农药管理条例》第十四条规定，农药登记资料的转让人是新农药研制者或农药生产企业，不包括境外企业。但境外企业可以将其获得农药登记产品的登记资料授权给农药登记证申请人。

17. 农药登记资料的授权与转让有什么区别？

根据《农药管理条例》第十条、第十四条以及《农药登记管理办法》第十八条规定，农药登记资料授权与农药登记资料转让的性质不同。农药登记资料授权不具有排他性，即当事人可以将农药登记资料授权给多人，当事人的农药登记证并不被注销。农药登记资料转让是排他性的，即只能转让给一个受让人，转让实现后，转让人的农药登记证予以注销，受让人利用原有的农药登记试验资料等申请领取农药登记证，同时转让人的登记证被依法注销。

18. 农药登记资料保护和农药专利保护有什么区别?

农药登记资料保护和农药专利保护是两种不同的保护制度，主要区别有：

（1）保护对象不同。农药登记资料保护的对象是登记资料，专利保护的对象是农药产品、生产工艺、产品配方及包装设计等。

（2）保护属性不同。农药登记资料保护不具有排他性或独占性，其他申请人在提供独立完成的试验资料后，也可以申请农药登记。但对已获得专利保护的产品，申请人拥有排他权或独占权，其他申请人不得进行以营利为目的的生产或经营活动。

（3）保护的起止时限不同。农药登记资料保护期限从其取得农药登记之日起6年。而专利权保护状态是动态的、不稳定的，专利产品随时可能因专利无效裁决、申请人自动放弃、未交专利费等原因而失效。

（4）保护的范围不同。农药登记资料保护的范围是新农药。而我国农药专利保护类型主要有产品专利、方法专利和用途专利三大类。产品专利包括农药化合物专利和农药组合物专利，方法专利包括化合物和组合物的制备方法，用途专利包括化合物和组合物的用途等。

19. 对已取得专利权的农药，能否批准非专利权人申请相关农药产品登记?

农业农村部批准农药登记，主要对农药的有效性和安全性审查，并根据有关法律的规定对涉及知识产权等履行告知义务。

（1）《中华人民共和国专利法》等规定，知识产权部门或人民法院负责对是否侵犯他人专利权进行审查。

（2）《中华人民共和国行政许可法》规定，行政审批机关在办理行政许可时，对涉及侵犯他人知识产权的，要履行告知义务。因此，申请人在申请农药登记时应当就是否侵犯他人知识产权作出说明，并承诺相应的法律责任；在收到农药登记主管部门的涉嫌侵权告知书后，应当重新及时地作出书面说明。

20.《农药登记管理办法》第十八条中“符合登记资料要求”的含义是什么？

《农药登记管理办法》第十八条第一款和第二款分别对农药登记资料授权和登记资料转让进行了规定，此条中“符合登记资料要求”是指符合现行的登记资料要求，即新颁布的《农药登记资料要求》。

21. 农药新剂型和新混配制剂是否属于新农药的组成部分？

根据《农药登记管理办法》第四十七条规定，新农药是指含有的有效成分尚未在中国批准登记的农药，包括新农药原药（母药）和新农药制剂。《农药登记资料要求》规定，新剂型是指含有的有效成分与已登记过的有效成分相同，剂型发生了改变；新混配制剂是指含有的有效成分和剂型与已登记过的相同，而首次混配两种以上农药有效成分的制剂或虽已有相同有效成分混配产品登记，但配比不同的制剂。因此，农药新剂型和新配比不能按新农药对待。

22. 申请新农药登记时，是否可以由两家企业分别进行原药登记和制剂登记，即一家申请原药

登记，另一家申请制剂登记？

申请新农药登记时，可以由两家企业分别申请原药登记和制剂登记，但两家企业应当同时提出登记申请，并且原药登记申请人应当向制剂申请人出具农药原药来源证明。

23. 在新农药登记资料保护期内申请该农药的登记，是否仍然需要同时申请原药、制剂登记？

农药登记对原药和制剂所要求的资料不同，评价的内容也不相同。申请新农药登记的，应当同时申请原药和制剂登记，以便对该有效成分进行综合评价，确定其是否属于农药、是否能批准作为农药。

新农药被批准登记后，已确认其有效成分属于农药。虽然该有效成分仍处于登记资料保护期内，但仍需要分别申请原药、制剂登记。

24. 制剂生产企业原药来源厂家可以更换吗？变更原药来源厂家是否需要备案？

农药制剂企业取得农药登记后，可以更换农药原药来源，但应当保障所采购的农药原药在我国已取得农药登记，境内农药生产企业农药生产许可证的生产范围还应当包含此原药。根据《农药管理条例》第二十条的规定，农药制剂生产企业采购生产原料前，应当查验该原料的质量和相应的许可证件，并保存原料采购记录。《农药管理条例》中所指的生产原料包括农药原药。违反该规定的，将按《农药管理条例》第五十三条的规定，没收该原料，违法生产的产品货值金额不足 1 万元的，并处 1 万元以上 2 万元以下罚款，货值金额 1 万元以上的，并处货值金额 2 倍以上 5 倍以下罚款。

25. 农药登记初审发现存在问题的，省级农业农村主管部门如何处置？

省级农业农村主管部门在农药登记初审发现存在问题的，可以通知农药登记申请人改正，也可以将审查意见和登记申请资料直接上报农业农村部。接到初审发现问题的通知后，农药登记申请人应当按照省级农业农村部门的意见及时改正，如短期内难以改正的，可以申请撤销农药登记申请。

26. 联合研制、开发新农药的，如何申请农药登记？

根据《农药登记管理办法》第十三条规定，多个主体联合研制的新农药，应当明确其中一个主体作为申请人，并说明其他合作研制机构，以及相关试验样品同质性的证明材料。其他主体不得重复申请。

27. 申请原药登记时，是否需要提交该原药的农药生产许可证件？

农药申请人应当符合《农药管理条例》和《农药登记管理办法》有关农药登记申请人的要求，即申请人应当是农药生产企业、向中国出口农药的企业或者新农药研制者。

农药登记证持有人在取得农药登记证后，本企业的农药生产许可证生产范围不包括该原药时，仍不能生产该原药，也不能委托其他企业生产。

28. 农药生产许可证已不在有效状态，农药登记证持有人可否申请农药登记证延续？

《农药登记管理办法》第十三条规定，农药登记申请者仅限三类：农药生产企业、向中国出口农药的企业、新农药的研制者。

农药生产许可证不在有效状态后（包括新修订的《农药管理条例》实施前，本企业取得的农药生产许可证和农药生产批准证书均不在有效状态），农药登记证持有人不具备农药生产企业的资质，其农药登记证将被注销，不能申请农药登记证延续。

但根据《农药生产管理办法》第三十条第三款的规定，对在2017年8月1日之前已取得农药登记证但未取得农药生产许可证或者农药生产批准证书的，在2019年8月1日之前，其农药登记证可以延续，但在2019年8月1日后仍未取得农药生产许可证的，其农药登记证将被注销。

29. 原药有效成分含量为95%的产品已取得农药登记，现在实际能达到97%，是否算有效成分含量改变?

农药原药产品标准规定，有效成分含量采用大于或等于标明值的方式表示。因此，农药登记的有效成分含量，是该产品的最低含量。农药登记证持有人实际生产有效成分含量大于原已登记含量的，可以采取两种方式处理：一是可以不申请有效成分含量变更，继续生产该原药。二是按照变更登记的规定，申请变更农药原药有效成分含量。

30. 中国是否批准全球首家新农药登记?

《农药管理条例》第十一条规定，境外登记申请人应当提供所申请的农药在有关国家（地区）登记、使用的证明材料。因此，对暂未在全球取得登记的农药，农药登记申请人为中国境内的新农药研制者或生产企业的，可以批准其农药登记；农药登记申请人为向中国出口农药企业的，不能批准其农药登记。

31. 集团总公司是否可以向子公司转移农药登记证？

根据《关于规范农药登记证持有人变更等事项的通知》（农农（农药）〔2019〕132 号），农药登记证持有人变更的情形包括：企业原址更名或迁址更名；被兼并企业注销，或被兼并企业放弃农药生产，登记证全部转移到兼并企业；控股 51%以上集团企业，集团内部的农药生产企业之间变更登记证。

符合条件的农药登记持有人，可以按该通知的规定，提供有关材料向农业农村部申请农药登记证变更。

32.《农药登记管理办法》规定，新申请登记农药的安全性和有效性要与现有产品相当，或具有明显优势，其主要目的是什么？

《农药登记管理办法》第十一条规定："申请人提供的相关数据或者资料，应当能够满足风险评估的需要，产品与已登记产品在安全性、有效性等方面相当或者具有明显优势。"这主要是为了促进农药产品质量的提高，引导企业创新，鼓励企业开发高效、低毒、环境友好的农药。

33. 如何提供原药来源情况说明材料？

农药登记申请人可根据原药购货发票、采购台账、溯源管理等实际情况，自行对其原药来源情况进行说明，并提供相应的证明材料。

34. 农药登记延续最多可提前多长时间申请？

农药登记延续最早可以提前 6 个月（180 日），即在农药登记证有效期之前的 90～180 天期间内提交申请，通过农业农村部农药登记审批系统网上申报进行时间控制。

第二章 农药生产

1.《农药生产许可管理办法》中的工业园区和化工园区具体指什么？

工业园区是国家或地方政府根据经济发展的内在要求，通过行政手段划出一块区域，聚集各种生产要素，在一定空间范围内进行科学整合，提高工业化的集约强度，突出产业特色，优化功能布局，使之成为适应市场竞争和产业升级的现代化产业分工协作生产区。我国的工业园区包括各种类型的开发区，如国家级经济技术开发区、高新技术产业开发区、保税区、出口加工区以及省级各类工业园区等。

根据工业和信息化部（以下简称“工信部”）发布的《关于促进化工园区规范发展的指导意见》（工信部原〔2015〕433号），化工园区包括以石化化工为主导产业的新型工业化产业示范基地、高新技术产业开发区、经济技术开发区、专业化工园区及由各级政府依法设置的化工生产企业集中区。

2. 如何判定申请农药生产许可证的企业是否属于新设农药生产企业？

申请农药生产许可的企业，应当选择相应的农药生产许可申请表，明确其所申请生产许可证的类型及是否为新设立农药生产企业。

在取得所在辖区省级农业农村主管部门核发农药生产许可

证之前，如果声明为非新设立农药生产企业首次向农业农村主管部门申请生产许可，申请人应当附具已经取得且处于有效状态的农药生产许可证件复印件，并加盖申请人公章，包括工信部发放的农药生产批准证书，或者国家质检总局发放的农药生产许可证。

省级农业农村主管部门根据其核发的农药生产许可证数据，结合申请人所提供的相关材料进行核查。

3. 企业原已取得农药生产企业定点核准，或农药生产许可证或农药生产批准证书，但均不在有效状态，其向省级农业农村主管部门申请农药生产许可证时，是按新增企业还是原有农药生产企业对待？

判断一个企业是否为农药生产企业，主要看其资质，即是否取得了有效的农药生产企业定点核准证明、农药生产许可证件。因此，已取得农药生产企业定点核准证明或农药生产许可证件，且在有效状态的，其向省级农业农村主管部门申请农药生产许可证时，可按已有农药生产企业对待。

4. 新设立农药生产企业申请农药生产许可有什么特殊要求？

按照《农药生产许可管理办法》第八条的规定，新设立化学农药生产企业应当在省级以上化工园区内建厂；新设立非化学农药生产企业、家用卫生杀虫剂企业，应当在地市级以上化工园区或工业园区内建厂。

5. 企业没有取得相应剂型的农药产品登记，申请农药生产许可时，如何准备三批次试生产运

行原始记录?

申请农药生产许可证要求提供试生产运行原始记录，主要为核查企业是否具有相应的生产能力、是否执行所制定的管理制度等提供证据。

企业申请某类剂型的农药生产范围，不一定需要取得该剂型相应的农药产品登记。因此，企业可根据所拟申请生产的剂型，选择某个典型产品进行试生产运行，合格后提供相应的三批次试生产运行原始记录。举例来说，企业申请新增水分散粒剂的农药生产范围，但企业登记的产品中只有可湿性粉剂或悬浮剂，没有水分散粒剂的登记产品，可以选择其他企业已登记的一个水分散粒剂产品进行三批次试生产，并在申请时提供三批次试生产原始记录的相关材料。

6. 家用卫生杀虫剂生产企业申请生产许可有什么特别要求?

与新设立大田用化学农药生产企业相比，《农药生产许可管理办法》适当降低了对家用卫生杀虫剂生产企业生产厂址的要求，新设立的家用卫生杀虫剂企业应当在地市级以上化工园区或工业园区内建厂，属于迁址的，也应当进入地市级以上化工园区或工业园区。

7. 哪些企业可以申请化学农药原药生产范围?

按照《农药生产许可管理办法》第八条规定，以下企业可以申请化学农药原药生产范围：

（1）生产地址在地市级以上化工园区或工业园区的已有化学农药生产企业；

（2）生产地址在省级以上化工园区的已有非化学农药生产企业；

（3）生产地址在省级以上化工园区的新设立农药生产企业。

8. 哪些农药生产企业可以申请化学农药制剂生产范围？

按照《农药生产许可管理办法》第八条规定，以下企业可以申请化学农药制剂生产范围：

（1）已取得化学农药制剂的生产许可证或生产批准证书且处于有效状态的农药生产企业；

（2）生产地址在省级以上化工园区的已有非化学农药生产企业；

（3）生产地址在省级以上化工园区的新设立农药生产企业。

9. 农药生产企业迁址有什么要求？

按照《农药生产许可管理办法》第十四条规定，农药生产企业迁址的，应当重新申请农药生产许可证；化学农药生产企业迁址的，还应当进入市级以上化工园区或工业园区。

10. 已有杀鼠剂的制剂生产企业迁址，是否也同化学农药一样必须进入工业园区？

《农药管理条例》及相关配套规章没有对杀鼠剂产品的生产做出特别规定。因此，申请其生产许可或迁址，应当符合相应类型农药生产许可的规定。

杀鼠剂绝大部分为化学农药，有少数属于植物源农药等。

农药生产企业应当根据其所生产的杀鼠剂类型确定迁址要求：完全属于非化学农药的，按非化学农药生产企业迁址的规定办理，有化学农药的，按化学农药生产企业迁址要求办理。

11.《农药生产许可管理办法》第八条中“新增化学农药生产范围的”具体指的是什么？如何理解第十三条中“缩小生产范围的”？

《农药生产许可管理办法》第八条中“新增化学农药生产范围的”指的是农药生产企业原来仅取得非化学农药的生产许可范围，现拟增加化学农药生产。

《农药生产许可管理办法》第十三条中“缩小生产范围的”是指农药生产企业已取得一定生产范围的农药生产许可证，但因不再具备某些生产范围的生产条件，或不想再进行某些生产范围的农药产品生产，主动向省级农业农村主管部门申请减少某些原药（或者母药）、剂型的生产。

12. 一个企业可以在不同区域拥有多个生产地址吗？拥有多个生产地址的企业的农药生产许可证是同一个生产许可证号吗？

按照《农药生产许可管理办法》第五条规定，农药生产许可证实施一企一证管理，一个农药生产企业只能有一个生产许可证。

一个农药生产企业可以在发证机关管辖的行政区域内，拥有多个生产地址。省级农业农村主管部门将在农药生产许可证中，注明每个生产地址的农药生产许可范围。但农药生产企业新增生产地址的，应当按新设立农药生产企业要求申请农药生产许可证的变更。

13. 农药生产企业申请办理省内迁址与跨省迁址，有何不同要求？

按照《农药生产许可管理办法》第十四条规定，农药生产企业改变生产地址，应当重新申请农药生产许可证；化学农药生产企业改变生产地址的，还应当进入市级以上化工园区或工业园区。

对于省内迁址的，由于农药生产许可证由同一省级农业农村部门核发，企业按重新申请农药生产许可的程序和要求办理，并在申请材料中作相应的迁址说明。

对于跨省迁址的，由于农药生产许可证是由不同的省级农业农村部门核发的，企业在申请办理农药生产许可证时，还应当提供其原已取得的农药生产许可证复印件以及原所在地省级农业农村主管部门出具的相关证明材料。在新地址取得农药生产许可证后，企业应当向原址所在地省级农业农村主管部门申请注销其原农药生产许可证。

14. 委托农药加工、分装有什么要求？

根据《农药管理条例》第十九条规定，委托方应当取得待委托加工或分装产品的农药登记证，受托方应当取得相应的农药生产许可范围。

原药（母药）不得委托加工和分装。向中国出口农药的，其产品允许委托具有相应农药生产范围的农药生产企业分装。

15. 农药生产企业已取得工信部颁发的农药生产批准证书或国家质检总局的农药生产许可证，能否接受相应剂型的农药产品委托加工或分装？

工信部颁发的农药生产批准证书或国家质检总局的农药生

产许可证，明确了所生产农药的有效成分、剂型和有效成分含量，与新制订的《农药管理条例》和《农药生产许可管理办法》规定省级农业农村主管部门按制剂剂型确定生产范围有较大的区别。因此，已取得工信部颁发农药生产批准证书或国家质检总局颁发农药生产许可证的农药生产企业，仅能受托加工或分装相应农药生产批准证书或农药生产许可证上指定的产品。

16. 外贸公司没有取得产品的农药登记证，能否委托具有相应剂型生产许可范围的农药生产企业加工农药用于出口？

根据《农药管理条例》第十九条规定，“委托加工、分装农药的，委托人应当取得相应的农药登记证，受托人应当取得农药生产许可证”。外贸公司没有取得农药登记证，农药生产企业不能接受其委托加工或分装农药。

17. 委托农药加工、分装的农药标签有什么特殊要求？

与本企业生产的农药产品标签相比，委托加工、分装农药产品的标签有特殊要求，应当同时标注以下信息：

（1）委托人的农药登记证号、农药产品标准号及其联系方式；

（2）受托人的农药生产许可证号及其联系方式；

（3）委托分装的农药，产品标签上应当同时标注加工日期、批号以及分装日期。

18. 开展委托加工、分装活动，需要到农业农村主管部门备案吗？

符合委托加工、分装条件的，委托方与受托方可以签订合同等，确定委托加工、分装关系，不需要到农业农村主管部门备案。

19. 已取得农药登记证但无生产许可证的，可以生产、经营相应的农药产品吗？

向中国出口农药的企业，可以不在标签上标注农药生产许可证号，取得农药登记证后，其产品可以在中国销售，或者委托农药生产企业分装，在中国销售。

中国境内的农药登记证持有人，包括农药生产企业、新农药研制者，一是可以申请办理相应生产范围的农药生产许可证后，自己生产经营；二是可以委托具有相应生产范围的农药生产企业加工该制剂后，再进行销售。

20. 新修订的《农药管理条例》实施后，生产企业原来的标签还可以用吗？

《农药标签和说明书管理办法》第四十二条规定，“现有产品标签或者说明书与本办法不符的，应当自2018年1月1日起使用符合本办法规定的标签和说明书”。在2018年1月1号以后生产的农药产品，其标签应当符合《农药标签和说明书管理办法》的规定。

21. 生产企业取得农药生产许可证后，再变更其生产范围，农药生产许可证的有效期限如何计算？

生产企业取得农药生产许可证后，除延续外，在农药生产许可证有效期内申请变更生产范围或者变更许可证的其他内容，省级农业农村主管部门重新核发农药生产许可证，但其有效期限不变。

22. 新农药研制者取得农药登记证后，如何去生产？

《农药管理条例》第十七条规定，“国家实行农药生产许可制度”。境内农药登记证持有人生产农药，应当先取得相应生产范围的农药生产许可证。

新农药研制者获得了农药登记证，让新农药能够得以生产、销售，可以采取以下方式：

（1）新农药研制者申请开办农药生产企业，取得相应生产范围的农药生产许可证后进行生产；

（2）新农药研制者与其他农药生产企业合作，如技术转让等，由合作农药生产企业取得相应农药登记、生产许可证后进行生产；

（3）新农药研制者将登记资料转让给农药生产企业，合作农药生产企业取得相应农药登记、生产许可证后进行生产，但新农药研制者的农药登记证将被注销。

23. 某企业选择杀虫剂为申报载体，已经取得了悬浮剂的生产范围，如果未来要生产除草剂悬浮剂，是否要重新申请扩大生产许可范围？

《农药生产许可管理办法》第十二条规定，农药生产许可证的生产范围按照原药（母药）品种、制剂剂型（同时区分化学农药或者非化学农药）进行标注。省级农业农村主管部门核发的农药生产许可证许可范围，农药制剂按剂型标注，不再区分杀虫、杀菌和除草剂等类别。企业已经取得了悬浮剂的生产许可范围，如果未来要生产除草剂悬浮剂时，不需要重新申请。但是农药生产企业应当按照《农药生产许可管理办法》的要求，合理布局厂房，确保除草剂与杀虫剂、杀菌剂的生产区域相对隔离。

24. 已取得农药登记证但未取得生产许可或者批准证书的，其申请农药生产许可证时，是按照新设立农药生产企业还是按已有农药生产企业申请？

《农药生产许可管理办法》第三十条规定，在该办法实施前已取得农药登记证但未取得生产许可或者批准证书，需要继续生产农药的，应当在该办法实施之日起两年内取得农药生产许可证。

《农药生产许可审查细则》第三十二条对其进行了细化，明确该类农药登记证持有人申请农药生产许可证时，应该按照新设立的农药生产企业申请。

25. 企业已取得工信部核发的农药生产许可证件，现想增加农药生产许可范围，如何申请？

农药生产企业应当按照《农药生产许可管理办法》规定，根据生产范围向省级农业农村主管部门提出申请。

26. 在县级化工园区的化学农药生产企业，可以新增化学农药原药生产吗？

根据《农药生产许可管理办法》，现有的化学农药生产企业可以新增制剂加工生产范围，要新增原药品种生产，要进入地市级以上的化工园区或工业园区。

27. 新增农药生产企业是否有数量限制？

《农药管理条例》和《农药生产许可管理办法》规定农药生产许可的条件，没有限制批准农药生产许可的数量。因此，符合条件的企业，均可以申请农药生产许可证。

28. 申请母药生产许可时，如何审查其登记情况?

农药登记分为原药（母药）和制剂两大类。一般情况下，申请人应当申请原药登记；申请母药登记的，应当说明生产母药的理由（主要指因技术和安全等原因，不能申请原药登记的特殊情形）。

为避免省级农业农村主管部门对母药生产许可的审批结果与农业农村部对母药登记的审批意见发生冲突，农业部第2568号公告（《农药生产许可审查细则》）第三十三条规定，申请农药生产范围为母药的，应当核查该农药登记情况。其附件1农药生产许可审查表的“其他要求”中明确，“生产范围为母药的，该农药的母药，应当已有企业在我国取得农药登记”，在生产许可审查审批时，应当“查该农药母药的登记情况”，即该农药母药是否已有申请人取得登记，但并不限定为农药生产许可申请人。

据此，对企业申请的生产范围为母药的，如该农药母药已有企业在我国取得农药登记，“母药登记情况”的审查评定应当为“符合”。但该企业在未取得该农药母药的登记证之前，仍不能从事其生产。

29. 原已取得农药登记证但未取得农药生产许可证的卫生杀虫剂企业，应当何时申请农药生产许可证件?

根据《农药生产许可管理办法》第三十条第三款和《农药登记管理办法》第四十条第二款的规定，未取得农药生产批准证书或农药生产许可证的企业，可以随时申请农药生产许可证。但自《农药生产许可管理办法》实施之日起两年内，仍未取得农药生产许可证的境内农药登记证持有人，农业农村部将注销其原已取得的农药登记证。

>>> 第三章　农药标签

1. 标签上净含量标注的位置有何要求？可否标注在正面？

根据《农药标签和说明书管理办法》第十五条，净含量应当使用国家法定计量单位表示，如：克、毫升。对于特殊的农药产品，可根据其特性以适当方式表示。净含量具体标注位置没有特殊的规定，可以标注在标签的正面或反面。

2. 农药外包装箱（纸箱）是否也按农药标签进行管理？

根据《农药标签和说明书管理办法》第三条，农药标签是指农药包装物上或者附于农药包装物的，以文字、图形、符号说明农药内容的一切说明物。即农药标签是附于农药最小包装物上的说明。

农药包装分为内包装和外包装。农药外包装箱（纸箱）应当符合《农药包装通则》等农药包装的管理规定。

3. 杀鼠剂产品是否要另加“防伪标识”？

《农药标签和说明书管理办法》第二十四条规定，在农药标签上应当标注“可追溯电子信息码”。农药标签可追溯电子信息码以二维码等形式标注，通过扫描二维码即可查询到农药名称和农药登记证持有人名称等相关信息。

农药可追溯信息码为具有防伪标识的一种。因此，杀鼠剂产品标签上不需要另加防伪标识，但要标注老鼠图形。

4. 标签上标注的“商标”是否要在农业农村部进行备案？TM商标可以使用吗？

《农药标签和说明书管理办法》第三十一条规定，农药标签和说明书上标注的商标应当是注册商标，不可以使用TM商标。

《农药标签和说明书管理办法》第三十七条、第三十八条规定，许可证书编号、生产日期、企业联系方式等产品证明性、企业相关性信息由企业自主标注，并对真实性负责。

商标属于企业自主标注的内容之一。因此，农药标签上标注的商标只要是注册商标且符合《中华人民共和国商标法》的规定，农药登记证持有人可以自主标注，不需要在农业农村部备案。

5. 委托加工产品标签上企业的相关信息如何标注？对已批准农药登记的产品，拟委托加工的，是否需要重新核准标签或办理备案？

根据《农药标签和说明书管理办法》第八条、第九条、第十条，委托加工或者分装农药，应当在标签上标注委托人的企业名称及其联系方式、农药登记证号、产品标准号，受托人的农药生产许可证号、受托人名称及其联系方式和加工、分装日期。根据《农药标签和说明书管理办法》第三十七条，上述需要标注的受托人信息均属于自主标注的内容，真实性由企业负责，因此，拟委托加工产品的核准标签不需要重新备案。

6. 向中国出口的农药，标签上需要标注产品质量标准号吗？

根据《农药标签和说明书管理办法》第八条、第十条、第三十七条，农药标签应当标注产品质量标准号。对境内农药生产企业生产的农药，其标注的产品质量标准号，应当符合标准化法的相关规定；对境外企业生产的农药，其产品质量标准号由企业自主编制。

7. 标签和说明书可以标注批准的登记作物和防治对象的图形吗？

《农药标签和说明书管理办法》第二十六条规定："标签和说明书不得标注任何带有宣传、广告色彩的文字、符号、图形"。第三十五条规定，标签和说明书上不得出现未经登记批准的使用范围或者使用方法的文字、图形、符号。

综合以上条款分析，《农药标签和说明书管理办法》并未规定不得出现登记批准的使用范围或使用方法的图形或符号。因此，标签上出现产品已批准登记的农作物或防治对象的图案，不属于带有宣传、广告色彩的文字、符号或图形。农药登记证持有人可以在标签和说明书上标注农业农村部批准的登记作物和防治对象图形。

8. 标签上字号最大的内容应该是什么？

根据《农药标签和说明书管理办法》第三十一条、第三十三条，标签上最大的字号首先应该是"限制使用"字样，其应当大于或等于农药名称；其次应该是"农药名称"。

9. 农药标签和说明书标注的哪些内容经核准后

不得擅自改变？哪些内容企业可以自主标注？

根据《农药标签和说明书管理办法》第三十七条、第三十八条，产品毒性、注意事项、技术要求等与农药产品安全性、有效性有关的标注内容经核准后不得擅自改变，农药登记证持有人变更标签或者说明书有关产品安全性和有效性内容的，应当向农业农村部申请重新核准。

许可证书编号、生产日期、企业联系方式等产品证明性、企业相关性信息由企业自主标注，并对真实性负责，自主标注的内容在农药登记时不审查，企业也不需要备案。

10. 安全间隔期和最多使用次数的标注有什么具体要求？

（1）应当标注在使用技术要求内容中。《农药标签和说明书管理办法》第十八条、第三十二条规定，使用技术要求主要包括施用条件、施药时期、次数、最多使用次数，对当茬作物、后茬作物的影响及预防措施，以及后茬仅能种植的作物或者后茬不能种植的作物、间隔时间等。限制使用农药，应当在标签上注明施药后设立警示标志，并明确人畜允许进入的间隔时间。

（2）安全间隔期及施药次数应当醒目标注，字号大于使用技术要求其他文字的字号。

（3）下列农药可以不标注安全间隔期：用于非食用作物的农药；拌种、包衣、浸种等用于种子处理的农药；用于非耕地（牧场除外）的农药；用于苗前土壤处理剂的农药；仅在农作物苗期使用一次的农药；非全面撒施使用的杀鼠剂；卫生用农药；其他特殊情形。

11. 联系方式是否要同时标注经营场所和厂址？

根据《农药标签和说明书管理办法》第十二条，联系方式包括农药登记证持有人、企业或者机构的住所和生产地的地址。因此，对住所与生产厂址不同的，农药生产企业应当将两项信息同时标注，并对其真实性负责。经营场所可以标注，但必须保证标注内容的真实性。

12. 限制使用农药是否包括混配制剂？2018 年 1 月 1 日后生产的限制使用农药产品，在标签上是否必须增加“限制使用”标识？

农业部公布的《限制使用农药名录》中所列出的限制使用农药，是指以该农药品种为有效成分的所有农药产品，不仅包括单剂，还包括含有这个有效成分的复配制剂。

根据《农药标签和说明书管理办法》第九条、第四十二条，限制使用农药应当标注“限制使用”字样，并注明对使用的特别限制和特殊要求。自 2018 年 1 月 1 日起生产的农药产品，标签要符合《农药标签和说明书管理办法》的规定。

13. 限制使用农药的标签还需要标注具体的限制范围吗？如需要，标在什么位置？变动后的标签是否需要变更？

根据《农药标签和说明书管理办法》第九条、第十八条、第三十三条，限制使用农药标签上必须醒目标注“限制使用”字样，在注意事项中标注清楚产品使用的特别限制和特殊要求、施药后设立警示标志以及人畜进入的间隔时间。

增加产品的限制使用范围等内容，属于修改产品安全性和有效性内容，需要向农业农村部门申请重新核准办理变更。

14. 标签已经标注所有需要标注的内容，是否还需要附具说明书？

如果标签已经标注了《农药标签和说明书管理办法》第八条规定的全部内容，可以不附具说明书。

15. 最小包装（最小销售单位）太小，无法标注规定的全部内容，能否在上级包装上打印？

最小包装是指销售给农药使用者的最小包装规格。《农药标签和说明书管理办法》第十条规定，标签过小，无法标注规定全部内容的，应当至少标注农药名称、有效成分含量、剂型、农药登记证号、净含量、生产日期、质量保证期等内容，同时附具说明书。说明书应当标注规定的全部内容。

16. 产品登记的适用作物较多，在标签内容中能否只标注1种适用农作物？

《农药标签和说明书管理办法》第十条第二款规定，登记的使用范围较多，在标签中无法全部标注的，可以根据需要，在标签中标注部分使用范围，但应当附具说明书，并在说明书中标注全部使用范围。

农药登记证持有人制作标签时，应当方便使用者阅读，其文字不能过小，同时应当让使用者对产品有知情权。

17. 在标签上二维码标注的具体位置有要求吗？添加二维码后，核准标签是否需要重新备案？

《农药标签和说明书管理办法》和农业部第2579号公告，

并没有明确规定标签上二维码标注的具体位置要求。但是企业在制作二维码时，要保证二维码能被扫描和识读，并能在生产和流通的各个环节正常使用。

农药标签上的二维码属于自主标注的内容。添加二维码后，不需要重新核准农药登记核准标签。

18. 农药标签上的二维码是一物一码、一品一码、一批一码，还是一剂型一码？

根据《农药标签和说明书管理办法》和农业部第 2579 号公告，农药产品标签上的二维码应具有唯一性，一个二维码对应唯一一个销售包装单位，也就是一物一码。

19. 二维码颜色和图案是否有要求？

农业部公告第 2579 号没有对二维码的颜色和图案作出具体要求，但是二维码必须满足扫描识别的要求，二维码的图案以及扫描后的信息不得违背《农药标签和说明书管理办法》的规定。

20. 通过追溯网址查询产品质量检验等信息。这里的质量检验信息包括哪些方面？

农业部公告第 2579 号规定，通过农药追溯网址可查询该产品的生产批次、质量检验等信息。质量检验信息主要指质量状态，即产品质量是否合格等内容。

21.《农药标签和说明书管理办法》第二十四条中，可追溯电子信息包括农药名称、农药登记证持有人名称等信息，这里的“等”包括哪些内容？

《农药标签和说明书管理办法》规定可追溯电子信息码中

应当至少包含农药名称、农药登记证持有人名称等信息。农药登记证持有人可以在二维码中增加其他信息，如产品毒性、注意事项、技术要求，但不能违背《农药标签和说明书管理办法》规定。

22. 卫生用农药产品是否也需要标注可追溯电子信息码？

有关农药标签标注可追溯信息码的规定，《农药标签和说明书管理办法》和农业部公告第2579号等并未将卫生用农药排除在外。因此，卫生用农药也应该与其他农药一样，标注可追溯电子信息码。

23. 农药标签二维码是否需要体现销售和物流的信息？

《农药标签和说明书管理办法》和农业部公告第2579号，并没有细化二维码要体现销售和物流的相关信息，企业可以在二维码的单元识别码“随机码”部分，自主决定该部分的编码规则。

24. 用手机扫描标签上的二维码，不能显示农药名称、农药登记证持有人名称信息，是否就可以认定该标签不合格？

不同品牌的手机对二维码的识别率有差异。当用一个手机扫描标签上的二维码，不能显示农药名称、农药登记证持有人名称信息时，可以更换不同品牌或型号的手机扫描，或要求农药生产企业或经营者使用其扫描枪或手机扫描识别。如果农药生产企业或经营者使用扫描枪也不能识别标签上的二维码，应当认定该标签的二维码不合格。

>>> 第四章　农药经营

1. 经营人员的培训证明由谁出具？对培训机构的资质有什么具体要求？

农药经营人员的培训证明由负责培训的专业教育培训机构出具。专业教育培训机构是指教育部等部门认定的、专门从事教育或培训的机构，例如大专院校等。

2. 经营人员培训教材、教学大纲由谁来编制？

经营人员培训的教材和教学大纲由承担具体培训任务的专业培训机构组织编写。其内容应与《农药管理条例》及《农药经营许可管理办法》中对经营人员的要求相符。专业教育培训机构在组织编写教材和教学大纲前，可以向所在地农业农村部门咨询，必要时也可以请农药管理、病虫害防治等相关单位参与编制。

3. 对于参加异地举办的农药经营人员培训班并取得相关证书的，是否可以作为认定经营人员资质的条件？

经营人员应当满足《农药经营许可办理办法》中规定的具有农药、植保等相关专业学历，或经专业教育培训机构五十六学时以上的学习经历，熟悉农药管理规定，掌握农药和病虫害防治专业知识，能够指导安全合理使用农药，与具体由哪家机构培训没有直接关系。

4. 是否只要取得相应的学历或培训证书，就可以认定经营者符合经营人员的条件？

《农药经营许可管理办法》中关于经营人员条件的规定有两项，一是经营人员应当具有农药、植保等相关专业学历，或经专业教育培训机构五十六学时以上的学习经历。二是经营人员要“熟悉农药管理规定，掌握农药和病虫害防治专业知识，能够指导安全合理使用农药”，这是核心和落脚点。农药经营人员是否具备了相应的能力，地方农业农村主管部门还会结合现场考核等环节进一步审查。

5. 符合条件的经营人员是否可以在其他单位兼职？如何解决经营者以经营人员挂靠的方式获得农药经营许可证问题？

申请农药经营许可的，应当具有《农药经营许可管理办法》中规定的农药经营人员，并提供相应的证明材料。该农药经营人员应当是经营者负责人或经营者聘用的正式工作人员。地方农业农村部门在开展农药经营许可审查时，可以要求经营者提供农药经营人员的劳动聘用合同、社保缴费清单等证明材料，审查其是否为其正式职工。

某从事农药经营的人员已在一个经营单位中作为“农药经营人员”申报后，不能再以其名义作为其他单位的经营人员申请农药经营许可证。

农业农村部门结合农药经营许可等工作，建立农药经营者信息数据库，可以对农药经营人员等信息进行统计分析。地方农业农村部门在作出经营许可决定前，应查询申报的经营人员是否为已在册的经营人员。

6. 经营者同时经营化肥、种子的，在核查其营业场所和仓库面积时，是否包括其他产品所占的面积？是按建筑面积还是使用面积核查？

《农药经营许可管理办法》中规定的经营场所和仓储场所面积指建筑面积。

地方农业农村部门主要根据其经营场所和仓储场所的面积进行核查，不再细分其所经营不同类型产品所占的面积，但经营者应将不同类型的产品分类摆放。

7. 专门从事农药对外贸易公司是否需办理经营许可证？

《农药管理条例》《农药经营许可管理办法》规定，从事农药对外贸易，属于农药经营行为，其经营者应当取得农药经营许可证。

8. 省级农业农村部门制定限制使用农药定点经营规定的法律依据是什么？

省级农业农村部门制定限制使用农药定点经营规定的法律依据是《农药管理条例》。《农药管理条例》第二十四条规定，经营限制使用农药的，还应当配备相应的用药指导和病虫害防治专业技术人员，并按照所在地省、自治区、直辖市人民政府农业农村主管部门的规定实行定点经营。

9. 经营杀鼠剂的，是否都需要包含限制使用农药的经营许可证？

我国现已登记的杀鼠剂，有些品种列入《限制使用农药名录》

中，有些品种如雷公藤甲素、硫酰氟、莪术醇、α-氯代醇、地芬诺酯、硫酸钡及胆钙化醇等，未列入《限制使用农药名录》。

经营列入《限制使用农药名录》中杀鼠剂的，要符合省级农业农村部门制定的限制使用农药定点经营布局，应当向省级农业农村主管部门申请农药经营许可证，其经营范围应当包含限制使用农药。

10. 取得农药经营许可证的农药经营者设立分支机构，是否有数量限制？

农药经营者设立分支机构，没有数量限制，但农药经营者应当对其分支机构的经营活动负责，且所有的分支机构，都应当在经营许可证发证机关所在的辖区。如果有超出发证机关所在辖区分支机构的，应当向对其所有分支机构都有管理权限的农业农村主管部门重新申办农药经营许可证。

11. 农药经营者拟增加分支机构的，应当如何办理？是办理变更经营许可还是重新办理申请？

农药经营许可证有效期内调整分支机构的，一是应当按照《经营许可管理办法》第十三条规定，自发生变化之日起三十日内向原发证机关提出变更申请，并提交变更申请表和相关证明等材料；二是增加分支机构的，应当及时在分支机构所在地农业农村主管部门办理备案手续。

农药经营者未获得其经营许可证变更且未办理备案手续前，其分支机构不得经营农药。

12. 农药经营者在县级取得农药经营许可证后，又向省级农业农村主管部门申请并取得了农

药经营许可证，对其在县级取得的农药经营许可证应当如何处理？处理的依据是什么？

《农药经营许可管理办法》第五条规定，“农药经营许可证实行一企一证管理，一个经营者只核发一个农药经营许可证。”

农药经营者在县级取得农药经营许可证后，又向省级农业农村主管部门申请并取得了农药经营许可证，对其在县级取得的农药经营许可证，应当按照《农药经营许可管理办法》第二十五条规定，向该县级农业主管部门申请注销该经营许可证。农药经营者未申请注销的，该县级农业主管部门将依法予以注销。

13. 县级以上的地方农业农村主管部门都有发放农药经营许可证的权限？如何统一农药经营许可的审查标准？

农业农村部发布了《农药经营许可管理办法》，对农药经营许可的主要条件、审查程序等作出具体规定。各省级农业农村主管部门可以结合本地区实际，制定《农药经营许可审查细则》，进一步细化审查要求，统一审查标准。

14. 农药经营者不及时申办农药经营许可证延续的，应当如何处理？

《农药经营许可管理办法》第二十五条规定，农药经营许可证有效期届满未申请延续的，发证机关将依法注销农药经营许可证。因此，农药经营者应当及时向发证机关申请农药经营许可证延续。农业农村主管部门或专业教育培训机构要告知经营者，农药经营许可有效期届满不申请延续的严重后果。有条件的，可以通过手机短信通知等手段及时提醒农药经营者。

15. 首次申请农药经营许可的，是否可以同时申请设立多个分支机构？

《农药管理条例》《农药经营许可管理办法》未对农药经营者分支机构的申请时间和数量作出明确限制。因此，农药经营者可以在首次申请农药经营许可时，同时提供分支机构的有关材料，申请设立一个或多个分支机构。县级以上地方农业农村部门应当同时对分支机构的申请材料进行审查，必要时进行实地核查或者委托下级农业农村主管部门进行实地核查。

16. 如何处理农药经营管理与安全监管监察部门的危险化学品经营许可、工商部门的营业执照间的关系？

农药经营许可证与安全监管监察部门的危险化学品经营许可证、工商部门的营业执照三者之间没有直接关系。三个部门按照各自法定职责做好相关的许可及其监督管理工作。

17. 农药生产企业下设独立法人的销售公司，仅销售本企业的产品，是否需要办理农药经营许可证？

农药生产企业下设独立法人的销售公司，从法律上看，属于不同的法律主体。因此，销售公司虽然仅将该生产企业的产品销售给经营者，但也需要办理农药经营许可证。

18. 农药生产企业是否可以跨省将农药产品直接销售给农产品生产企业、农场主等？

农药生产企业事先与农产品生产企业、农场主等签订合同，再将所约定的农药运送给农产品生产企业或农场主，这类情形可以界定为农药生产企业在生产场所的经营行为，不需要办理农药经营许可证。但农药生产企业不能在农产品生产企业或农场附近将农药零售给未事先约定的其他农户或采用摆摊等方式销售。

19. 对委托加工或分装的产品，被委托人可以同时销售该委托产品吗？

对委托加工或分装的农药，产品的所有权属委托方。因此，受托人销售该受托加工或分装产品的，属于销售其他企业的农药，应当取得农药经营许可证。

20. 农药经营者取得农药经营许可证后，是否可以利用互联网销售农药？如果可以，是否有特殊要求？

农药经营者取得农药经营许可证后，可以利用互联网销售限制使用农药除外的农药。由于限制性使用农药实行定点经营，按照《农药经营许可管理办法》规定，禁止利用互联网销售限制使用农药。

21. 哪些机构或人员不能申请从事农药经营活动？

《农药管理条例》第四十八条明确规定，县级以上人民政府农业主管部门及其工作人员和负责农药检定工作的机构及其工作人员，不得参与农药生产、经营活动。

22. 一个经营单位被吊销经营许可证后，其负责人多长时间后才可以从事农药经营活动？

经营者被吊销农药经营许可证后，其直接负责的主管人员

10 年内不得从事农药经营活动。

23. 一个经营者被吊销农药经营许可证，由哪一级农业农村主管部门对经营者的直接责任人做出禁业规定？

作出吊销农药经营许可证的农业农村主管部门，应当同时对经营者直接负责的主管人员作出禁业规定，并向社会公布。

24. 经营未取得农药生产许可证的产品，经营者应当承担什么法律责任？

《农药管理条例》第二十六条规定，农药经营者在进货前应当查询产品标签以及有关许可证明文件，不得向未取得农药生产许可证的农药生产企业等采购农药。

农药经营者未履行此法定义务的，按照《农药管理条例》第五十七条规定，由县级以上地方人民政府农业农村主管部门责令改正，没收违法所得和违法经营的农药，并处 5 000 元以上 5 万元以下罚款；拒不改正或者情节严重的，由发证机关吊销农药经营许可证。

25. 工商部门给经营者颁发的营业执照上有农药经营范围，但农药经营者未取得农药经营许可证，是否可以对其进行处罚？

《农药管理条例》第二十四条规定，国家实行农药经营许可制度，农药经营者应当按照国务院农业农村主管部门的规定向县级以上地方人民政府农业农村主管部门申请农药经营许可证。

农药经营者的营业执照上虽然有农药经营范围，但未取得农药经营许可证，违反了上述规定，可以对其按未取得农药经营许可证经营农药进行处罚。

26. 地方现已发布的政策与《农药管理条例》或《农药经营许可管理办法》不符的，应当执行哪个？

根据《中华人民共和国立法法》，地方发布的法规、规章不得与国家法律、国务院发布的行政法规相抵触，但全国人民代表大会授权的特区等例外。

《农药管理条例》为国务院颁布的行政法规。《农药经营许可管理办法》是国务院授权农业农村部制定的农药经营许可管理的规章，属于部门规章。地方农药经营许可管理法规属于地方性法规。因此，地方农药经营许可管理法规应当以《农药管理条例》为准，如果与《农药经营许可管理办法》对同一事项的规定不一致，不能确定如何适用时，由国务院提出处理意见，国务院认为应当适用地方性法规的，应当决定在该地方适用地方性法规的规定；认为应当适用部门规章的，应当提请全国人民代表大会常务委员会裁决。

因此，除全国人民代表大会授权的特区等外，地方农药经营许可管理规定，都应当以《农药管理条例》或《农药经营许可管理办法》为准，但地方可以依法制定相应的规定，对其进行细化。

27. 哪些农药为限制使用农药？

2017 年 9 月 5 日，农业部发布第 2567 号公告，公布了《限制使用农药名录》，列入名录的农药，标签应当标注“限制使用”字样，并注明使用的特别限制和特殊要求；用于食用农产品的，标签还应当标注安全间隔期。名录中前 22 种农药实行定点经营，其他 10 种农药实行定点经营的时间由农业农村部另行规定。

限制使用农药名录（2017版）

序号	有效成分名称	备注
1	甲拌磷	实行定点经营
2	甲基异柳磷	
3	克百威	
4	磷化铝	
5	硫丹	
6	氯化苦	
7	灭多威	
8	灭线磷	
9	水胺硫磷	
10	涕灭威	
11	溴甲烷	
12	氧乐果	
13	百草枯	
14	2，4-滴丁酯	
15	C型肉毒梭菌毒素	
16	D型肉毒梭菌毒素	
17	氟鼠灵	
18	敌鼠钠盐	
19	杀鼠灵	
20	杀鼠醚	
21	溴敌隆	
22	溴鼠灵	

（续）

序号	有效成分名称	备注
23	丁硫克百威	暂不实行定点经营
24	丁酰肼	
25	毒死蜱	
26	氟苯虫酰胺	
27	氟虫腈	
28	乐果	
29	氰戊菊酯	
30	三氯杀螨醇	
31	三唑磷	
32	乙酰甲胺磷	

28.《农药经营许可管理办法》第十二条规定，“经营范围按照农药、农药（限制使用农药除外）分别标注”，如何理解经营许可证上标注的经营范围？

农药经营许可证按经营范围可以分为两类：

农药：可以经营所有已登记的农药产品；

农药（限制使用农药除外）：不得经营《限制使用农药名录》规定需要实行定点经营的农药品种，但可经营其他农药。

29. 对《限制使用农药名录》中10种暂不实行定点经营农药，其农药经营许可证由哪一级农业农村主管部门颁发？

农业部第2567号公告公布了《限制使用农药名录（2017版）》，列入名录的32种农药中，前22种农药实行定点经营，其农药经营许可证由省级农业农村主管部门颁发。后 10 种农药暂不实行定点经营，其农药经营许可证由县级以上地方农业农村主管部门颁发。

30. 代理其他公司的产品，在全国范围内销售，如何办理经营许可证？

农药经营者应当根据其所设立的分支机构经营所在地，向有管辖权的农业农村主管部门申请农药经营许可证。农药经营者取得农药经营许可证后，可以按照工商管理的有关规定销售农药。

31. 农作物病虫害防治服务组织带药开展病虫害防治服务，是否需要办理农药经营许可证？

农作物病虫害防治服务组织通过与农民、种植大户等签订农作物病虫害防治合同，明确具体使用农药的品种、用量以及作业服务等事项，划定有关方责任，仅开展病虫害防治服务，没有农药经营行为的，不需要办理农药经营许可证。农作物病虫害防治服务组织除开展防治服务外还销售农药，有农药经营行为的，需要办理农药经营许可证。

32. 种子加工公司购买种衣剂进行种子包衣，然后销售包衣后的种子，是否需要办理农药经营许可证？

种子加工公司购买种子处理剂进行种子包衣等活动，然后销售包衣后种子的，属于农药使用行为，在其不单独销售种子处理剂等农药的前提下，不需要办理农药经营许可证。

33. 专门从事农药出口的企业是否需要进行农药追溯管理？

专门从事农药出口的企业，应当与在境内经营农药的企业一样，建立健全农药采购台账、销售台账，保障能对其所经营的农药进行追溯管理。

34. 县、市、省三级农业农村主管部门所颁发的农药经营许可证有何区别？

农药经营者取得县级农业农村主管部门颁发的农药经营许可证，其经营范围为农药（限制使用农药除外），可以在该县域范围内设立分支机构，经营实行定点经营的限制使用农药以外的其他农药。

农药经营者取得市级农业农村主管部门颁发的农药经营许可证，其经营范围为农药（限制使用农药除外），可以在该市范围内跨县级区域设立分支机构，经营实行定点经营的限制使用农药以外的其他农药。

农药经营者取得省级主管部门颁发的农药经营许可证，可以在该省范围内跨市、县设立分支机构。其经营范围有两种：一种为农药（限制使用农药除外），可以经营实行定点经营的限制使用农药以外的其他农药；另一种为农药，具有限制使用农药经营资质，可以经营包括限制使用农药在内的农药。

35. 农药经营“一企一证”的含意是什么？

农药经营“一企一证”是指一个农药经营者，即一个从事农药经营且能够独立承担法律责任的单位、机构或个人，应当取得农药经营许可证，且只能取得一个农药经营许可证。

农药经营者在其农药经营许可证发证机关所在的辖区内设立分支机构的，由农药经营者办理农药经营许可证变更，并报分支机构所在地县级农业农村部门备案。其分支机构免于单独申请办理农药经营许可证。

36. 农药经营者如何跨省经营农药？

农药生产企业或农药经营者，可以将所经营的农药销售给异省取得农药经营许可证的经营者；但其如需要跨省设立机构从事农药经营的，应当以新设立机构的名义，另行申请农药经营许可证。

37. 经营者原已取得农药经营许可证的，是否可以换发新的农药经营许可证？

在新修订的《农药管理条例》颁布实施前，有的经营者已按所在地的法规、规章等有关规定取得了农药经营许可证，这类农药经营者可以在原农药经营许可证的有效期内继续从事农药经营活动，但经营限制使用农药的应当重新申请农药经营许可证。

因农药经营许可条件等规定发生了重大变化，原已取得的农药经营许可证有效期届满，需要继续经营农药的，应当在有效期届满90日前，按照《农药经营许可管理办法》规定的具体条件和程序，重新申请农药经营许可证，不是简单换发农药经营许可证。

38. 农药经营者设立新的分支机构，只需要变更农药经营许可证吗？

农药经营者设立新的分支机构的，一是要向农药经营许可证发证机关申请变更农药经营许可证；二是在办理农药经营许可证变更后，开展经营活动前，要向在分支机构所在地县级农业农村主管部门备案。

>>> 第五章　农药使用

1. 农民使用了违法添加高毒农药的产品，按标签说明使用，采收后造成高毒农药残留超标，这个责任应该由谁承担？

《农药管理条例》第五条规定，农药生产企业、农药经营者应当对其生产、经营的农药的安全性、有效性负责。农药生产企业和农药经营者是农药产品质量的责任主体，应当对其生产、经营的农药产品质量负责。

《农药管理条例》第三十四条规定，使用者应当严格按照农药的标签标注的内容使用农药，按照安全间隔期采收。第五十二条规定，生产假农药的，由县级以上地方人民政府农业主管部门责令停止生产，没收违法所得、违法生产的产品和用于违法生产的工具、设备、原材料等，并处罚款，由发证机关吊销农药生产许可证和相应的农药登记证；构成犯罪的，依法追究刑事责任。第五十五条规定，农药经营者经营假农药的，由县级以上地方人民政府农业主管部门责令停止经营，没收违法所得、违法经营的农药和用于违法经营的工具、设备等，并处罚款，构成犯罪的，依法追究刑事责任。

销售给农民的农药产品，都应当是合格的产品。违法添加高毒农药的产品，因使用者无法用肉眼来识别，农民没有检验产品是否合格的义务。因此，农民按照标签说明使用农药并按照安全间隔期采收，能够提供购买农药的相关凭证，农民不需要承担由于违法添加高毒农药造成的农药残留超标责任。这个责任应当由相应的生产、经营者承担。

2. 原来限制使用农药的概念与新修订《农药管理条例》中限制使用农药的概念有何区别?

新修订《农药管理条例》发布前，限制使用农药指的是禁止在某些使用范围上使用的农药。

新修订《农药管理条例》中的限制使用农药，是指剧毒、高毒农药以及使用技术要求严格的其他农药，其经营应当符合省级农业农村主管部门制定的限制使用农药定点经营规定。因此，《农药管理条例》修订后，限制使用农药的概念主要与限制使用农药的经营主体关系密切，即只有经营范围包括限制使用农药的经营者，才能经营农业部公布的《限制使用农药名录》中规定实行定点经营的农药品种，其他农药经营单位不得经营。

3. 对“限制使用农药”有哪些特别的管理规定?

为加强对限制使用农药整个生命周期的全程监管，《农药管理条例》及其配套规章从登记、生产、经营、使用、监督管理各环节，都对限制使用农药作出了相应规定。

(1) 登记环节:《农药管理条例》和《农药标签和说明书管理办法》明确了限制使用农药在标签上必须标注的内容。农药登记申请者在申请限制使用农药的农药登记时，在标签样张上应当标注“限制使用”字样和施药后设立警示标志，并明确人畜允许进入的间隔时间，注明使用的特别限制和特殊要求等。

(2) 生产环节: 根据《农药标签和说明书管理办法》第三

十三条规定，生产企业生产限制使用农药时，应当按照农业部登记的核准标签内容印制标签，并在标签左上角或右上角用红色最大的字体标注“限制使用”字样。

(3) 经营环节：《农药管理条例》授权省级人民政府农业农村主管部门制定限制使用农药定点经营规定。《农药经营许可管理办法》规定，经营范围包含限制使用农药的，其农药经营许可证由省级农业主管部门核发。农药经营者应当配备相应的用药指导和病虫害防治专业技术人员，对限制使用农药实行专柜销售。限制使用农药经营者要从正规农药生产企业或其他限制使用农药经营单位进货，并为使用者提供用药指导，逐步提供统一用药服务。鼓励和扶持设立专业化病虫害防治服务组织，并对限制使用农药的配药、用药进行指导、规范和管理。

(4) 使用环节：根据《农药管理条例》第三十四条规定，使用者在使用农药时，应严格按照标签和说明书技术要求用药。剧毒、高毒农药不得用于防治卫生害虫，不得用于蔬菜、瓜果、茶叶、菌类、中草药材的生产，不得用于水生植物的病虫害防治。国务院办公厅《关于进一步加强农药兽药管理保障食品安全的通知》中要求，各地严格执行限制使用农药（含高毒农药）定点经营制度，实行专柜销售、实名购买和溯源管理。严禁生产销售国家明令禁止使用的农药。规范农药使用行为，禁止使用的坚决不用，限制使用的严格按规定范围和剂量使用。

(5) 监管环节：依据《农药管理条例》第五十五条、《农药经营许可管理办法》第二十一条，超出经营范围经营限制使用农药，或者利用互联网经营限制使用农药的，按照未取得农药经营许可证处理，由农业农村主管部门责令停止经营、没收违法所得、没收违法经营的农药和用于违法经营的工具设备，并处罚款，构成犯罪的要依法追究刑事责任。

4. 当重大突发性病虫害暴发时，县级农业农村部门可否统一采购对害虫防治效果较好的未登记的农药进行防治？

根据《农药管理条例》第三十九条，当突发重大害虫时，国务院农业主管部门可以决定临时使用未登记农药。

因防治突发重大病虫害等紧急需要，无已登记的农药可使用时，有关方可向农业农村部提出申请使用未登记的农药。经农业农村部批准后，在地方农业农村主管部门的监督和指导下，有关方可以使用未登记的农药。

5. 发生农药使用药害事故后，必须由农业农村部门负责处理吗？

根据《农药管理条例》第三十八条规定，发生农药使用事故，农药使用者、农药生产企业、农药经营者和其他有关人员应当及时报告当地农业农村主管部门。接到报告的农业农村主管部门应当立即采取措施，防止事故扩大，同时通知有关部门采取相应措施。

根据《中华人民共和国消费者权益保护法》《农药管理条例》等规定，处理药害事故主要有以下4种途径：

（1）与农药生产、经营者协商和解，也可以请求消费者协会调解。应根据农药的购买凭证、药害损害程度、有关部门出具的检测报告或做出的技术鉴定，划定各方责任，依法要求农药生产、经营者赔偿。农药经营者需要对农药使用者予以先行赔偿，对属于生产者责任造成的损失，农药经营者可以向生产者进行追偿。

（2）向行政主管部门申诉或要求消费者协会调解。消费者投诉电话是12315，农业农村部门的投诉电话是12316。对于有可能涉嫌犯罪的农药生产经营违法行为，可向公安部门报案。行政主管部门可依法查处农药违法生产、经营行为，追究其法律责任，并协调赔偿事项。农业农村部门根据所收集的证据和药害技术鉴定结果，也可以与农药生产企业、经营者和使用者协商，提出处理意见。

（3）根据与农药生产企业、经营者达成的仲裁协议提请仲裁机构仲裁。

（4）向人民法院起诉。受害者依照法律规定向人民法院起诉，应该写好起诉状，并提供相关的证据。当药害事故的受害者较多，且受害原因基本一致时，可以选取几个代表，联合起诉，避免重复取证或承担过多的诉讼费用。但与其他方式相比，诉讼的周期较长，程序也较为复杂。

6. 发生药害事故，由哪个部门组织调查处理？

《农药管理条例》第三十八条规定，根据农药药害事故的类型，分别由不同的部门组织调查处理：

发生农药中毒事故的，由农业农村部门和公安机关依照职责权限组织调查处理，卫生部门组织医疗救治。

造成环境污染事故的，由环境保护等有关部门依法组织调查处理。

造成储粮药剂使用事故的，由粮食部门组织技术鉴定和调查处理。

造成农作物药害事故的，由农业农村等部门组织技术鉴定和调查处理。

7. 造成农作物药害事故的，农业农村部门一般怎样进行调查处理？

农业农村部门接到农作物药害事故报告后，一是应对产生药害的原因进行调查，有必要的进行实地核查，对使用农药进行检测；二是根据农作物药害事故发生情况，可组织专家对农作物药害事故进行技术鉴定；三是按照专家的建议，指导使用者加强田间管理；四是依据鉴定意见，进行调查处理。经协调农药生产者、经营者和使用者后，仍未达成共识的，农药使用者可凭农药药害事故鉴定意见等向人民法院起诉。

8. 农药使用者使用的农药包装废弃物如何处理？

农药包装废弃物，属于农药废弃物的一种类型，是指农药使用后被废弃的与农药直接接触或含有农药残余物的包装物（瓶、罐、桶、袋等）。根据《农药管理条例》第三十七条、第六十条规定，农药使用者可以把使用后的包装废弃物妥善收集起来，交给农药经营者，不能把农药包装废弃物丢弃在饮用水水源保护区、河道内，否则将会被罚款；构成犯罪的，要依法追究刑事责任。

>>> 第六章　法律责任

1. 农药产品里添加了肥料成分，算假农药吗？

一个农药制剂产品在申请农药登记时，应当同时明确其有效成分种类及其含量、助剂的种类及其含量。该制剂产品被批准农药登记后，其有效成分种类和含量不得变更；其助剂种类或含量需要变更的，应当按照《农药登记管理办法》的规定，办理变更登记，否则就属于违反农药登记管理规定的行为。

申请登记的农药制剂产品中可以含有肥料成分。经批准登记后，如果需要添加肥料成分的，应当按照改变农药产品组成成分的规定，申请变更登记。

2. 经营者销售过期农药产品，被执法部门查到，但农药生产者不知情，是否要承担法律责任？

农药生产者、经营者禁止经营过期的农药，否则按经营劣质农药论处。

农药经营者应当独立承担法律责任。在经营环节发现经营过期农药的，无直接证据证明农药生产者销售过期农药的，农业农村主管部门只对经营者进行处罚，农药生产企业不承担法律责任。但在执法过程中发现相关证据，证明农药生产者销售过期农药产品的，农业农村主管部门依法同时对农药生产者、经营者进行处罚。

3. 本次修订改变原来《农药管理条例》以“违法所得”作为处罚基数，而是以“货值金额”作为基数，为什么？

在过去的实践中，对违法所得存在取证和计算困难等诸多问题，例如，一些生产经营单位采取不记账、少记账等方式逃避处罚，使得这项制度可操作性不强。

最高人民法院、最高人民检察院《关于办理生产、销售伪劣商品刑事案件具体应用法律若干问题的解释》（法释〔2001〕10号）第二条规定，“销售金额”，是指生产者、销售者出售伪劣产品后所得和应得的全部违法收入。

新《农药管理条例》借鉴了“销售金额”概念，采取以“货值金额”作为处罚基准：

一是更加科学和合理地反映了违法生产经营行为实际情况。货值金额，应当按照农药产品标价或市价计算所得到的金额，即生产、销售违法产品所获得的销售收入。货值金额反映了行为人生产、销售违法产品的规模、行为持续时间、危害范围以及行为人主观违法行为的恶性程度。

二是减少了执法中的随意性。上述规定便于执法机关准确认定与处罚违法行为。

三是有利于加大违法行为的打击力度。在计算货值金额时，重点把握“生产”“经营”这一行为，即只要认定行为人已经生产或销售，那么按照销售该农药所实际得到的、应当得到的或可能得到的金额合并来计算，这里的全部销售收入不扣除任何所谓成本与支出，即重点在于行为人是否违法生产销售了农药产品，而不关注行为人是否已经获得了利润。

4.《农药管理条例》第七章中的“违法所得”是指什么？

《农药管理条例》第七章中的“违法所得”是销售收入，包括销售相应产品的成本和利润。

5. 新《农药管理条例》中行政处罚包括没收、罚款、吊销许可证和禁业等。其中没收、罚款、吊销许可证都提到具体的行政实施主体，作出禁业规定的主体是什么？

作出禁业规定的主体是县级以上农业农村主管部门。县级以上农业农村主管部门在作出吊销农药登记证、农药生产许可证或农药经营许可证时，应当同时对直接负责的主管人员，作出10年内禁止从事农药生产经营活动的规定。

6. 假劣农药及回收的农药废弃物处置责任怎么划分？

假劣农药及回收的农药废弃物应当交由具有危险废物经营资质的单位集中处置，尽最大努力减少其危害，这也是《中华人民共和国固体废物污染环境防治法》的要求。《农药管理条例》同时规定了处置费用由相应的农药生产企业、农药经营者承担；农药生产企业、农药经营者不明确的，处置费用由所在地县级人民政府财政列支。可以看出，假劣农药及回收的农药废弃物处置责任主体是农药生产和经营企业。对于生产、经营者不明确的由当地政府财政承担，这是国际通行的做法，也体现了政府对社会公益事业的责任担当。

7. 农药登记证持有人委托加工、分装的农药有数量限制吗?

农药登记证持有人可以按照《农药管理条例》第十九条、《农药生产许可管理办法》的规定，自主委托符合条件的受委托人加工、分装农药。受委托人没有法定的数量限制，但受托人应当对被委托加工、分装的农药质量负责。

8. 如果农药产品使用说明书与标签的内容完全一致，说明书是可以不备案的吗?

《农药管理条例》和《农药标签与说明书管理办法》规定了农药标签和说明书登记核准制度，未设立说明书备案制度。

对经登记核准的标签，如果使用说明书与标签的内容完全一致，农药登记证持有人可以不附具说明书，需要附具的，也不用备案。如果该产品标签不能囊括所规定的全部内容，则需要附具说明书。这时，说明书内容应当与登记核准标签内容一致。

附录

农 药 管 理 条 例

中华人民共和国国务院令

第 677 号

第一章　总　　则

第一条　为了加强农药管理，保证农药质量，保障农产品质量安全和人畜安全，保护农业、林业生产和生态环境，制定本条例。

第二条　本条例所称农药，是指用于预防、控制危害农业、林业的病、虫、草、鼠和其他有害生物以及有目的地调节植物、昆虫生长的化学合成或者来源于生物、其他天然物质的一种物质或者几种物质的混合物及其制剂。

前款规定的农药包括用于不同目的、场所的下列各类：

（一）预防、控制危害农业、林业的病、虫（包括昆虫、蜱、螨）、草、鼠、软体动物和其他有害生物；

（二）预防、控制仓储以及加工场所的病、虫、鼠和其他有害生物；

（三）调节植物、昆虫生长；

（四）农业、林业产品防腐或者保鲜；

（五）预防、控制蚊、蝇、蜚蠊、鼠和其他有害生物；

（六）预防、控制危害河流堤坝、铁路、码头、机场、建筑物和其他场所的有害生物。

第三条　国务院农业主管部门负责全国的农药监督管理工作。

县级以上地方人民政府农业主管部门负责本行政区域的农药

监督管理工作。

县级以上人民政府其他有关部门在各自职责范围内负责有关的农药监督管理工作。

第四条 县级以上地方人民政府应当加强对农药监督管理工作的组织领导，将农药监督管理经费列入本级政府预算，保障农药监督管理工作的开展。

第五条 农药生产企业、农药经营者应当对其生产、经营的农药的安全性、有效性负责，自觉接受政府监管和社会监督。

农药生产企业、农药经营者应当加强行业自律，规范生产、经营行为。

第六条 国家鼓励和支持研制、生产、使用安全、高效、经济的农药，推进农药专业化使用，促进农药产业升级。

对在农药研制、推广和监督管理等工作中作出突出贡献的单位和个人，按照国家有关规定予以表彰或者奖励。

第二章　农药登记

第七条 国家实行农药登记制度。农药生产企业、向中国出口农药的企业应当依照本条例的规定申请农药登记，新农药研制者可以依照本条例的规定申请农药登记。

国务院农业主管部门所属的负责农药检定工作的机构负责农药登记具体工作。省、自治区、直辖市人民政府农业主管部门所属的负责农药检定工作的机构协助做好本行政区域的农药登记具体工作。

第八条 国务院农业主管部门组织成立农药登记评审委员会，负责农药登记评审。

农药登记评审委员会由下列人员组成：

（一）国务院农业、林业、卫生、环境保护、粮食、工业行业管理、安全生产监督管理等有关部门和供销合作总社等单位推荐的农药产品化学、药效、毒理、残留、环境、质量标准和检测等方面的专家；

（二）国家食品安全风险评估专家委员会的有关专家；

（三）国务院农业、林业、卫生、环境保护、粮食、工业行业管理、安全生产监督管理等有关部门和供销合作总社等单位的代表。

农药登记评审规则由国务院农业主管部门制定。

第九条　申请农药登记的，应当进行登记试验。

农药的登记试验应当报所在地省、自治区、直辖市人民政府农业主管部门备案。

新农药的登记试验应当向国务院农业主管部门提出申请。国务院农业主管部门应当自受理申请之日起40个工作日内对试验的安全风险及其防范措施进行审查，符合条件的，准予登记试验；不符合条件的，书面通知申请人并说明理由。

第十条　登记试验应当由国务院农业主管部门认定的登记试验单位按照国务院农业主管部门的规定进行。

与已取得中国农药登记的农药组成成分、使用范围和使用方法相同的农药，免予残留、环境试验，但已取得中国农药登记的农药依照本条例第十五条的规定在登记资料保护期内的，应当经农药登记证持有人授权同意。

登记试验单位应当对登记试验报告的真实性负责。

第十一条　登记试验结束后，申请人应当向所在地省、自治区、直辖市人民政府农业主管部门提出农药登记申请，并提交登记试验报告、标签样张和农药产品质量标准及其检验方法等申请资料；申请新农药登记的，还应当提供农药标准品。

省、自治区、直辖市人民政府农业主管部门应当自受理申请之日起20个工作日内提出初审意见，并报送国务院农业主管部门。

向中国出口农药的企业申请农药登记的，应当持本条第一款规定的资料、农药标准品以及在有关国家（地区）登记、使用的证明材料，向国务院农业主管部门提出申请。

第十二条 国务院农业主管部门受理申请或者收到省、自治区、直辖市人民政府农业主管部门报送的申请资料后，应当组织审查和登记评审，并自收到评审意见之日起20个工作日内作出审批决定，符合条件的，核发农药登记证；不符合条件的，书面通知申请人并说明理由。

第十三条 农药登记证应当载明农药名称、剂型、有效成分及其含量、毒性、使用范围、使用方法和剂量、登记证持有人、登记证号以及有效期等事项。

农药登记证有效期为5年。有效期届满，需要继续生产农药或者向中国出口农药的，农药登记证持有人应当在有效期届满90日前向国务院农业主管部门申请延续。

农药登记证载明事项发生变化的，农药登记证持有人应当按照国务院农业主管部门的规定申请变更农药登记证。

国务院农业主管部门应当及时公告农药登记证核发、延续、变更情况以及有关的农药产品质量标准号、残留限量规定、检验方法、经核准的标签等信息。

第十四条 新农药研制者可以转让其已取得登记的新农药的登记资料；农药生产企业可以向具有相应生产能力的农药生产企业转让其已取得登记的农药的登记资料。

第十五条 国家对取得首次登记的、含有新化合物的农药的申请人提交的其自己所取得且未披露的试验数据和其他数据实施保护。

自登记之日起6年内，对其他申请人未经已取得登记的申请人同意，使用前款规定的数据申请农药登记的，登记机关不予登记；但是，其他申请人提交其自己所取得的数据的除外。

除下列情况外，登记机关不得披露本条第一款规定的数据：

（一）公共利益需要；

（二）已采取措施确保该类信息不会被不正当地进行商业使用。

第三章　农药生产

第十六条　农药生产应当符合国家产业政策。国家鼓励和支持农药生产企业采用先进技术和先进管理规范，提高农药的安全性、有效性。

第十七条　国家实行农药生产许可制度。农药生产企业应当具备下列条件，并按照国务院农业主管部门的规定向省、自治区、直辖市人民政府农业主管部门申请农药生产许可证：

（一）有与所申请生产农药相适应的技术人员；

（二）有与所申请生产农药相适应的厂房、设施；

（三）有对所申请生产农药进行质量管理和质量检验的人员、仪器和设备；

（四）有保证所申请生产农药质量的规章制度。

省、自治区、直辖市人民政府农业主管部门应当自受理申请之日起20个工作日内作出审批决定，必要时应当进行实地核查。符合条件的，核发农药生产许可证；不符合条件的，书面通知申请人并说明理由。

安全生产、环境保护等法律、行政法规对企业生产条件有其他规定的，农药生产企业还应当遵守其规定。

第十八条　农药生产许可证应当载明农药生产企业名称、住所、法定代表人（负责人）、生产范围、生产地址以及有效期等事项。

农药生产许可证有效期为5年。有效期届满，需要继续生产农药的，农药生产企业应当在有效期届满90日前向省、自治区、直辖市人民政府农业主管部门申请延续。

农药生产许可证载明事项发生变化的，农药生产企业应当按照国务院农业主管部门的规定申请变更农药生产许可证。

第十九条　委托加工、分装农药的，委托人应当取得相应的农药登记证，受托人应当取得农药生产许可证。

委托人应当对委托加工、分装的农药质量负责。

第二十条 农药生产企业采购原材料，应当查验产品质量检验合格证和有关许可证明文件，不得采购、使用未依法附具产品质量检验合格证、未依法取得有关许可证明文件的原材料。

农药生产企业应当建立原材料进货记录制度，如实记录原材料的名称、有关许可证明文件编号、规格、数量、供货人名称及其联系方式、进货日期等内容。原材料进货记录应当保存2年以上。

第二十一条 农药生产企业应当严格按照产品质量标准进行生产，确保农药产品与登记农药一致。农药出厂销售，应当经质量检验合格并附具产品质量检验合格证。

农药生产企业应当建立农药出厂销售记录制度，如实记录农药的名称、规格、数量、生产日期和批号、产品质量检验信息、购货人名称及其联系方式、销售日期等内容。农药出厂销售记录应当保存2年以上。

第二十二条 农药包装应当符合国家有关规定，并印制或者贴有标签。国家鼓励农药生产企业使用可回收的农药包装材料。

农药标签应当按照国务院农业主管部门的规定，以中文标注农药的名称、剂型、有效成分及其含量、毒性及其标识、使用范围、使用方法和剂量、使用技术要求和注意事项、生产日期、可追溯电子信息码等内容。

剧毒、高毒农药以及使用技术要求严格的其他农药等限制使用农药的标签还应当标注“限制使用”字样，并注明使用的特别限制和特殊要求。用于食用农产品的农药的标签还应当标注安全间隔期。

第二十三条 农药生产企业不得擅自改变经核准的农药的标签内容，不得在农药的标签中标注虚假、误导使用者的内容。

农药包装过小，标签不能标注全部内容的，应当同时附具说明书，说明书的内容应当与经核准的标签内容一致。

第四章 农药经营

第二十四条 国家实行农药经营许可制度，但经营卫生用农药的除外。农药经营者应当具备下列条件，并按照国务院农业主管部门的规定向县级以上地方人民政府农业主管部门申请农药经营许可证：

（一）有具备农药和病虫害防治专业知识，熟悉农药管理规定，能够指导安全合理使用农药的经营人员；

（二）有与其他商品以及饮用水水源、生活区域等有效隔离的营业场所和仓储场所，并配备与所申请经营农药相适应的防护设施；

（三）有与所申请经营农药相适应的质量管理、台账记录、安全防护、应急处置、仓储管理等制度。

经营限制使用农药的，还应当配备相应的用药指导和病虫害防治专业技术人员，并按照所在地省、自治区、直辖市人民政府农业主管部门的规定实行定点经营。

县级以上地方人民政府农业主管部门应当自受理申请之日起20个工作日内作出审批决定。符合条件的，核发农药经营许可证；不符合条件的，书面通知申请人并说明理由。

第二十五条 农药经营许可证应当载明农药经营者名称、住所、负责人、经营范围以及有效期等事项。

农药经营许可证有效期为5年。有效期届满，需要继续经营农药的，农药经营者应当在有效期届满90日前向发证机关申请延续。

农药经营许可证载明事项发生变化的，农药经营者应当按照国务院农业主管部门的规定申请变更农药经营许可证。

取得农药经营许可证的农药经营者设立分支机构的，应当依法申请变更农药经营许可证，并向分支机构所在地县级以上地方人民政府农业主管部门备案，其分支机构免予办理农药经营许可证。农药经营者应当对其分支机构的经营活动负责。

第二十六条 农药经营者采购农药应当查验产品包装、标签、产品质量检验合格证以及有关许可证明文件，不得向未取得农药生产许可证的农药生产企业或者未取得农药经营许可证的其他农药经营者采购农药。

农药经营者应当建立采购台账，如实记录农药的名称、有关许可证明文件编号、规格、数量、生产企业和供货人名称及其联系方式、进货日期等内容。采购台账应当保存2年以上。

第二十七条 农药经营者应当建立销售台账，如实记录销售农药的名称、规格、数量、生产企业、购买人、销售日期等内容。销售台账应当保存2年以上。

农药经营者应当向购买人询问病虫害发生情况并科学推荐农药，必要时应当实地查看病虫害发生情况，并正确说明农药的使用范围、使用方法和剂量、使用技术要求和注意事项，不得误导购买人。

经营卫生用农药的，不适用本条第一款、第二款的规定。

第二十八条 农药经营者不得加工、分装农药，不得在农药中添加任何物质，不得采购、销售包装和标签不符合规定，未附具产品质量检验合格证，未取得有关许可证明文件的农药。

经营卫生用农药的，应当将卫生用农药与其他商品分柜销售；经营其他农药的，不得在农药经营场所内经营食品、食用农产品、饲料等。

第二十九条 境外企业不得直接在中国销售农药。境外企业在中国销售农药的，应当依法在中国设立销售机构或者委托符合条件的中国代理机构销售。

向中国出口的农药应当附具中文标签、说明书，符合产品质量标准，并经出入境检验检疫部门依法检验合格。禁止进口未取得农药登记证的农药。

办理农药进出口海关申报手续，应当按照海关总署的规定出示相关证明文件。

第五章　农药使用

第三十条　县级以上人民政府农业主管部门应当加强农药使用指导、服务工作，建立健全农药安全、合理使用制度，并按照预防为主、综合防治的要求，组织推广农药科学使用技术，规范农药使用行为。林业、粮食、卫生等部门应当加强对林业、储粮、卫生用农药安全、合理使用的技术指导，环境保护主管部门应当加强对农药使用过程中环境保护和污染防治的技术指导。

第三十一条　县级人民政府农业主管部门应当组织植物保护、农业技术推广等机构向农药使用者提供免费技术培训，提高农药安全、合理使用水平。

国家鼓励农业科研单位、有关学校、农民专业合作社、供销合作社、农业社会化服务组织和专业人员为农药使用者提供技术服务。

第三十二条　国家通过推广生物防治、物理防治、先进施药器械等措施，逐步减少农药使用量。

县级人民政府应当制定并组织实施本行政区域的农药减量计划；对实施农药减量计划、自愿减少农药使用量的农药使用者，给予鼓励和扶持。

县级人民政府农业主管部门应当鼓励和扶持设立专业化病虫害防治服务组织，并对专业化病虫害防治和限制使用农药的配药、用药进行指导、规范和管理，提高病虫害防治水平。

县级人民政府农业主管部门应当指导农药使用者有计划地轮换使用农药，减缓危害农业、林业的病、虫、草、鼠和其他有害生物的抗药性。

乡、镇人民政府应当协助开展农药使用指导、服务工作。

第三十三条　农药使用者应当遵守国家有关农药安全、合理使用制度，妥善保管农药，并在配药、用药过程中采取必要的防护措施，避免发生农药使用事故。

限制使用农药的经营者应当为农药使用者提供用药指导，并逐步提供统一用药服务。

第三十四条 农药使用者应当严格按照农药的标签标注的使用范围、使用方法和剂量、使用技术要求和注意事项使用农药，不得扩大使用范围、加大用药剂量或者改变使用方法。

农药使用者不得使用禁用的农药。

标签标注安全间隔期的农药，在农产品收获前应当按照安全间隔期的要求停止使用。

剧毒、高毒农药不得用于防治卫生害虫，不得用于蔬菜、瓜果、茶叶、菌类、中草药材的生产，不得用于水生植物的病虫害防治。

第三十五条 农药使用者应当保护环境，保护有益生物和珍稀物种，不得在饮用水水源保护区、河道内丢弃农药、农药包装物或者清洗施药器械。

严禁在饮用水水源保护区内使用农药，严禁使用农药毒鱼、虾、鸟、兽等。

第三十六条 农产品生产企业、食品和食用农产品仓储企业、专业化病虫害防治服务组织和从事农产品生产的农民专业合作社等应当建立农药使用记录，如实记录使用农药的时间、地点、对象以及农药名称、用量、生产企业等。农药使用记录应当保存2年以上。

国家鼓励其他农药使用者建立农药使用记录。

第三十七条 国家鼓励农药使用者妥善收集农药包装物等废弃物；农药生产企业、农药经营者应当回收农药废弃物，防止农药污染环境和农药中毒事故的发生。具体办法由国务院环境保护主管部门会同国务院农业主管部门、国务院财政部门等部门制定。

第三十八条 发生农药使用事故，农药使用者、农药生产企业、农药经营者和其他有关人员应当及时报告当地农业主管部门。

接到报告的农业主管部门应当立即采取措施，防止事故扩大，同时通知有关部门采取相应措施。造成农药中毒事故的，由农业主管部门和公安机关依照职责权限组织调查处理，卫生主管部门应当按照国家有关规定立即对受到伤害的人员组织医疗救治；造成环境污染事故的，由环境保护等有关部门依法组织调查处理；造成储粮药剂使用事故和农作物药害事故的，分别由粮食、农业等部门组织技术鉴定和调查处理。

第三十九条　因防治突发重大病虫害等紧急需要，国务院农业主管部门可以决定临时生产、使用规定数量的未取得登记或者禁用、限制使用的农药，必要时应当会同国务院对外贸易主管部门决定临时限制出口或者临时进口规定数量、品种的农药。

前款规定的农药，应当在使用地县级人民政府农业主管部门的监督和指导下使用。

第六章　监督管理

第四十条　县级以上人民政府农业主管部门应当定期调查统计农药生产、销售、使用情况，并及时通报本级人民政府有关部门。

县级以上地方人民政府农业主管部门应当建立农药生产、经营诚信档案并予以公布；发现违法生产、经营农药的行为涉嫌犯罪的，应当依法移送公安机关查处。

第四十一条　县级以上人民政府农业主管部门履行农药监督管理职责，可以依法采取下列措施：

（一）进入农药生产、经营、使用场所实施现场检查；

（二）对生产、经营、使用的农药实施抽查检测；

（三）向有关人员调查了解有关情况；

（四）查阅、复制合同、票据、账簿以及其他有关资料；

（五）查封、扣押违法生产、经营、使用的农药，以及用于违法生产、经营、使用农药的工具、设备、原材料等；

（六）查封违法生产、经营、使用农药的场所。

第四十二条 国家建立农药召回制度。农药生产企业发现其生产的农药对农业、林业、人畜安全、农产品质量安全、生态环境等有严重危害或者较大风险的，应当立即停止生产，通知有关经营者和使用者，向所在地农业主管部门报告，主动召回产品，并记录通知和召回情况。

农药经营者发现其经营的农药有前款规定的情形的，应当立即停止销售，通知有关生产企业、供货人和购买人，向所在地农业主管部门报告，并记录停止销售和通知情况。

农药使用者发现其使用的农药有本条第一款规定的情形的，应当立即停止使用，通知经营者，并向所在地农业主管部门报告。

第四十三条 国务院农业主管部门和省、自治区、直辖市人民政府农业主管部门应当组织负责农药检定工作的机构、植物保护机构对已登记农药的安全性和有效性进行监测。

发现已登记农药对农业、林业、人畜安全、农产品质量安全、生态环境等有严重危害或者较大风险的，国务院农业主管部门应当组织农药登记评审委员会进行评审，根据评审结果撤销、变更相应的农药登记证，必要时应当决定禁用或者限制使用并予以公告。

第四十四条 有下列情形之一的，认定为假农药：

（一）以非农药冒充农药；

（二）以此种农药冒充他种农药；

（三）农药所含有效成分种类与农药的标签、说明书标注的有效成分不符。

禁用的农药，未依法取得农药登记证而生产、进口的农药，以及未附具标签的农药，按照假农药处理。

第四十五条 有下列情形之一的，认定为劣质农药：

（一）不符合农药产品质量标准；

（二）混有导致药害等有害成分。

超过农药质量保证期的农药，按照劣质农药处理。

第四十六条　假农药、劣质农药和回收的农药废弃物等应当交由具有危险废物经营资质的单位集中处置，处置费用由相应的农药生产企业、农药经营者承担；农药生产企业、农药经营者不明确的，处置费用由所在地县级人民政府财政列支。

第四十七条　禁止伪造、变造、转让、出租、出借农药登记证、农药生产许可证、农药经营许可证等许可证明文件。

第四十八条　县级以上人民政府农业主管部门及其工作人员和负责农药检定工作的机构及其工作人员，不得参与农药生产、经营活动。

第七章　法律责任

第四十九条　县级以上人民政府农业主管部门及其工作人员有下列行为之一的，由本级人民政府责令改正；对负有责任的领导人员和直接责任人员，依法给予处分；负有责任的领导人员和直接责任人员构成犯罪的，依法追究刑事责任：

（一）不履行监督管理职责，所辖行政区域的违法农药生产、经营活动造成重大损失或者恶劣社会影响；

（二）对不符合条件的申请人准予许可或者对符合条件的申请人拒不准予许可；

（三）参与农药生产、经营活动；

（四）有其他徇私舞弊、滥用职权、玩忽职守行为。

第五十条　农药登记评审委员会组成人员在农药登记评审中谋取不正当利益的，由国务院农业主管部门从农药登记评审委员会除名；属于国家工作人员的，依法给予处分；构成犯罪的，依法追究刑事责任。

第五十一条　登记试验单位出具虚假登记试验报告的，由省、自治区、直辖市人民政府农业主管部门没收违法所得，并处

5 万元以上 10 万元以下罚款；由国务院农业主管部门从登记试验单位中除名，5 年内不再受理其登记试验单位认定申请；构成犯罪的，依法追究刑事责任。

第五十二条 未取得农药生产许可证生产农药或者生产假农药的，由县级以上地方人民政府农业主管部门责令停止生产，没收违法所得、违法生产的产品和用于违法生产的工具、设备、原材料等，违法生产的产品货值金额不足 1 万元的，并处 5 万元以上 10 万元以下罚款，货值金额 1 万元以上的，并处货值金额 10 倍以上 20 倍以下罚款，由发证机关吊销农药生产许可证和相应的农药登记证；构成犯罪的，依法追究刑事责任。

取得农药生产许可证的农药生产企业不再符合规定条件继续生产农药的，由县级以上地方人民政府农业主管部门责令限期整改；逾期拒不整改或者整改后仍不符合规定条件的，由发证机关吊销农药生产许可证。

农药生产企业生产劣质农药的，由县级以上地方人民政府农业主管部门责令停止生产，没收违法所得、违法生产的产品和用于违法生产的工具、设备、原材料等，违法生产的产品货值金额不足 1 万元的，并处 1 万元以上 5 万元以下罚款，货值金额 1 万元以上的，并处货值金额 5 倍以上 10 倍以下罚款；情节严重的，由发证机关吊销农药生产许可证和相应的农药登记证；构成犯罪的，依法追究刑事责任。

委托未取得农药生产许可证的受托人加工、分装农药，或者委托加工、分装假农药、劣质农药的，对委托人和受托人均依照本条第一款、第三款的规定处罚。

第五十三条 农药生产企业有下列行为之一的，由县级以上地方人民政府农业主管部门责令改正，没收违法所得、违法生产的产品和用于违法生产的原材料等，违法生产的产品货值金额不足 1 万元的，并处 1 万元以上 2 万元以下罚款，货值金额 1 万元以上的，并处货值金额2倍以上5倍以下罚款；拒不改正或者情节严重的，由发证机关吊销农药生产许可证和相应的农药登记证：

（一）采购、使用未依法附具产品质量检验合格证、未依法取得有关许可证明文件的原材料；

（二）出厂销售未经质量检验合格并附具产品质量检验合格证的农药；

（三）生产的农药包装、标签、说明书不符合规定；

（四）不召回依法应当召回的农药。

第五十四条 农药生产企业不执行原材料进货、农药出厂销售记录制度，或者不履行农药废弃物回收义务的，由县级以上地方人民政府农业主管部门责令改正，处1万元以上5万元以下罚款；拒不改正或者情节严重的，由发证机关吊销农药生产许可证和相应的农药登记证。

第五十五条 农药经营者有下列行为之一的，由县级以上地方人民政府农业主管部门责令停止经营，没收违法所得、违法经营的农药和用于违法经营的工具、设备等，违法经营的农药货值金额不足1万元的，并处5 000元以上5万元以下罚款，货值金额1万元以上的，并处货值金额5倍以上10倍以下罚款；构成犯罪的，依法追究刑事责任：

（一）违反本条例规定，未取得农药经营许可证经营农药；

（二）经营假农药；

（三）在农药中添加物质。

有前款第二项、第三项规定的行为，情节严重的，还应当由发证机关吊销农药经营许可证。

取得农药经营许可证的农药经营者不再符合规定条件继续经营农药的，由县级以上地方人民政府农业主管部门责令限期整改；逾期拒不整改或者整改后仍不符合规定条件的，由发证机关吊销农药经营许可证。

第五十六条 农药经营者经营劣质农药的，由县级以上地方人民政府农业主管部门责令停止经营，没收违法所得、违法经营的农药和用于违法经营的工具、设备等，违法经营的农药货值金额不足1万元的，并处2 000元以上2万元以下罚款，货值金额1万元以上的，并处货值金额2倍以上5倍以下罚款；情节严重的，由发证机关吊销农药经营许可证；构成犯罪的，依法追究刑事责任。

第五十七条 农药经营者有下列行为之一的，由县级以上地方人民政府农业主管部门责令改正，没收违法所得和违法经营的农药，并处5 000元以上5万元以下罚款；拒不改正或者情节严重的，由发证机关吊销农药经营许可证：

（一）设立分支机构未依法变更农药经营许可证，或者未向分支机构所在地县级以上地方人民政府农业主管部门备案；

（二）向未取得农药生产许可证的农药生产企业或者未取得农药经营许可证的其他农药经营者采购农药；

（三）采购、销售未附具产品质量检验合格证或者包装、标签不符合规定的农药；

（四）不停止销售依法应当召回的农药。

第五十八条 农药经营者有下列行为之一的，由县级以上地方人民政府农业主管部门责令改正；拒不改正或者情节严重的，处2 000元以上2万元以下罚款，并由发证机关吊销农药经营许可证：

（一）不执行农药采购台账、销售台账制度；

（二）在卫生用农药以外的农药经营场所内经营食品、食用农产品、饲料等；

（三）未将卫生用农药与其他商品分柜销售；

（四）不履行农药废弃物回收义务。

第五十九条 境外企业直接在中国销售农药的，由县级以上地方人民政府农业主管部门责令停止销售，没收违法所得、违法经营的农药和用于违法经营的工具、设备等，违法经营的农药货值金额不足 5 万元的，并处 5 万元以上 50 万元以下罚款，货值金额 5 万元以上的，并处货值金额 10 倍以上 20 倍以下罚款，由发证机关吊销农药登记证。

取得农药登记证的境外企业向中国出口劣质农药情节严重或者出口假农药的，由国务院农业主管部门吊销相应的农药登记证。

第六十条　农药使用者有下列行为之一的，由县级人民政府农业主管部门责令改正，农药使用者为农产品生产企业、食品和食用农产品仓储企业、专业化病虫害防治服务组织和从事农产品生产的农民专业合作社等单位的，处 5 万元以上 10 万元以下罚款，农药使用者为个人的，处 1 万元以下罚款；构成犯罪的，依法追究刑事责任：

（一）不按照农药的标签标注的使用范围、使用方法和剂量、使用技术要求和注意事项、安全间隔期使用农药；

（二）使用禁用的农药；

（三）将剧毒、高毒农药用于防治卫生害虫，用于蔬菜、瓜果、茶叶、菌类、中草药材生产或者用于水生植物的病虫害防治；

（四）在饮用水水源保护区内使用农药；

（五）使用农药毒鱼、虾、鸟、兽等；

（六）在饮用水水源保护区、河道内丢弃农药、农药包装物或者清洗施药器械。

有前款第二项规定的行为的，县级人民政府农业主管部门还应当没收禁用的农药。

第六十一条　农产品生产企业、食品和食用农产品仓储企业、专业化病虫害防治服务组织和从事农产品生产的农民专业合作社等不执行农药使用记录制度的，由县级人民政府农业主管部门责令改正；拒不改正或者情节严重的，处2 000元以上 2 万元以下罚款。

第六十二条 伪造、变造、转让、出租、出借农药登记证、农药生产许可证、农药经营许可证等许可证明文件的，由发证机关收缴或者予以吊销，没收违法所得，并处1万元以上5万元以下罚款；构成犯罪的，依法追究刑事责任。

第六十三条 未取得农药生产许可证生产农药，未取得农药经营许可证经营农药，或者被吊销农药登记证、农药生产许可证、农药经营许可证的，其直接负责的主管人员10年内不得从事农药生产、经营活动。

农药生产企业、农药经营者招用前款规定的人员从事农药生产、经营活动的，由发证机关吊销农药生产许可证、农药经营许可证。

被吊销农药登记证的，国务院农业主管部门5年内不再受理其农药登记申请。

第六十四条 生产、经营的农药造成农药使用者人身、财产损害的，农药使用者可以向农药生产企业要求赔偿，也可以向农药经营者要求赔偿。属于农药生产企业责任的，农药经营者赔偿后有权向农药生产企业追偿；属于农药经营者责任的，农药生产企业赔偿后有权向农药经营者追偿。

第八章　附　　则

第六十五条 申请农药登记的，申请人应当按照自愿有偿的原则，与登记试验单位协商确定登记试验费用。

第六十六条 本条例自2017年6月1日起施行。